我喜爱的野外课堂系列

野外昆虫课堂

[日]须田孙七 著 金海英 译

北京科学技术出版社

著作权合同登记号　图字：01-2010-3286

图书在版编目（CIP）数据

我喜爱的野外课堂系列．野外昆虫课堂/（日）须田孙七著；金海英译．—北京：北京科学技术出版社，2012.10
ISBN 978-7-5304-6018-4
Ⅰ．①我…　Ⅱ．①须…　②金…　Ⅲ．①自然科学－少儿读物②昆虫－少儿读物　Ⅳ．①N49②Q96-49
中国版本图书馆CIP数据核字（2012）第163222号

我喜爱的野外课堂系列．野外昆虫课堂

作　　者：[日] 须田孙七
译　　者：金海英
策　　划：刘　洋　荀　颖
责任编辑：邵　勇
责任印制：张　良
图文制作：博雅思
出 版 人：张敬德
出版发行：北京科学技术出版社
社　　址：北京西直门南大街16号
邮政编码：100035
电话传真：0086-10-66161951（总编室）
0086-10-66113227（发行部）
0086-10-66161952（发行部传真）
电子信箱：bjkjpress@163.com
网　　址：www.bkjpress.com
经　　销：新华书店
印　　刷：北京捷迅佳彩印刷有限公司
开　　本：787mm×1064mm　1/24
印　　张：5
版　　次：2012年10月第1版
印　　次：2012年10月第1次印刷
ISBN 978-7-5304-6018-4/N · 169

定价：26.00元

本书使用方法

- 本书中的大部分昆虫图片都跟现实中的昆虫一样大小，小朋友们在看到它们时会觉得非常真实。
- 本书按照观察昆虫的不同季节和地点，分为春天的野地里、夏天的山中和树林里、夏天的河边、从夏天到秋天的野地里、冬天的户外五章，对昆虫进行了详细的介绍。
- 每一章的开头都列出了一些具有代表性的昆虫，通过照片介绍了它们的生活情景。
- “○○的身体”部分，用放大的图片展示了某种昆虫的身体，还介绍了身体各个部位的名称、功能等。“再放大”部分，将图片中的个别部位用再放大的照片展示出来。
- “各种各样的○○”部分，用真实尺寸的昆虫图片介绍了某类昆虫的成员。但是因为页面篇幅有限，个别昆虫的大小会和其实际大小有一点偏差，敬请谅解。
- 每一章的结尾部分都介绍了在该季节、该地点寻找或观察昆虫的具体方法。

目录

春天，在野地里与昆虫相会

夏天，在山中和树林里与昆虫相会

夏天，在河边与昆虫相会

从夏天到秋天，在野地里与昆虫相会

冬天，在户外与昆虫相会

本书中的标记，▲表示的是昆虫的名称，●表示的是成虫出现的季节，◆表示的是经常可以看见成虫的地点。

春天，在野地里与昆虫相会

小朋友们，你们知道吗？春天是昆虫们的季节。
在野地里，你们可以见到很多昆虫，比如蝴蝶和瓢虫。
仔细观察一下，你们就能在植物的叶子上或者地上发现各种各样的昆虫。

凤蝶的生活

正在吸食花蜜的凤蝶。它的口器平时呈卷曲状，吸蜜时就会伸长。

快看！一只美丽的凤蝶正在吸食花蜜呢！饱餐一顿之后，它就飞去寻找自己的伙伴了。

雌凤蝶会在橘子树、花椒树等的叶子上产下一粒粒圆形的卵。

刚从卵中孵化出来的凤蝶幼虫以叶子为食。在成长的过程中，幼虫会经过几次蜕皮，然后变成蛹。成虫成熟后，会从蛹中钻出来，就是我们看到的凤蝶。

◀ 正在枸橘树的叶子上产卵的凤蝶。它先弯曲腹部，然后产下橙色的、圆形的卵。

▶ 刚从蛹蜕变为成虫的一瞬间。等翅膀完全伸展开来，干燥以后，凤蝶就可以飞了。

*从春天到秋天，凤蝶的幼虫会蜕皮四次或五次。从夏末到秋天这段时间孵出的幼虫，在秋天结束时就会化成蛹，以蛹的形态过冬，到第二年春天再羽化。

七星瓢虫的生活

展翅欲飞的七星瓢虫。它把坚硬的前翅展开，用膜质的后翅飞行。

到了春天，七星瓢虫就会从冬眠中醒来，开始活动。它以麦蚜、棉蚜等多种蚜虫为食。

雌七星瓢虫在蚜虫比较多的树叶、草叶上产卵。

幼虫也以蚜虫为食。它要经历几次蜕皮，逐渐长大，两周或三周以后化成蛹。一周以后，蛹发育成熟，成虫从蛹中钻出。

◀ 正在吃蚜虫的七星瓢虫。它用嘴紧紧咬住蚜虫，然后吸干蚜虫的体液。它平均一天能吃掉一百多只蚜虫。

▶ 正在树叶上产卵的七星瓢虫。它会在一个地方连续产下大约三十粒卵。

*从6月中旬到9月中旬，七星瓢虫会为了躲避闷热的天气而进入休眠状态。秋天一到，它就会重新开始活动，并进行繁殖。

日本弓背蚁的生活

日本弓背蚁的工蚁。工蚁负责采集食物、扩建巢穴、照顾蚁后及卵和幼虫。

到了春天，日本弓背蚁就会扒开蚁巢的出口，爬到地面上觅食。快看，一只工蚁刚好找到了一份食物。

初夏，天气开始变得闷热，很多长有翅膀的雌蚁和雄蚁从蚁巢里爬出来，飞向天空去进行交配（这种行为叫做婚飞）。

雌蚁与雄蚁交配成功后成为新的蚁后，它负责产卵、照顾幼虫，并建立一个新的巢穴。

◀ 为准备婚飞而从蚁巢中爬出来的雌蚁和雄蚁。看，它们都长着翅膀呢！没有翅膀的是工蚁。在空中交配完以后，雌蚁就会降落到地面上，建立自己的巢穴，成为新的蚁后，而它的翅膀在交配后不久就会脱落。

▶ 在照顾卵的新蚁后。这些卵大部分会发育成工蚁，等工蚁长大后，蚁后会把照顾卵和幼虫的工作交给它们，自己则继续产卵。

*初夏时完成婚飞的雌蚁会钻到石头下面去准备产卵，此时它的翅膀会脱落。它独自把第一批工蚁养大，然后这批工蚁会扩建巢穴。

蜜蜂的生活

正在采集花蜜和花粉的工蜂。它会把花蜜吸到肚子里，把花粉捻成小团，粘在腿上，带回蜂巢。

春天，野地里盛开着各种各样的花朵，负责采蜜的工蜂飞出蜂巢，开始忙碌起来。工蜂飞到花朵上，采集花蜜、花粉，并带回蜂巢。

在蜂巢里，一些工蜂把花蜜酿成蜂蜜，并储存起来。花粉也会被储存在蜂巢内，作为蜂群的食物。

在蜂巢里，还有其他的工蜂负责扩建蜂巢、照顾蜂王及卵和幼虫。

▲ 正在蜂巢里照料幼虫的工蜂。它们不仅要给幼虫喂蜂蜜和花粉，还要打扫卫生。

▶ 正在筑巢的工蜂。它们利用体内分泌的蜂蜡建造蜂巢。蜂巢里有许许多多的蜂室，有的蜂室用来储存蜂蜜，有的用来储存花粉，有的用来养育幼虫。

*蜂巢内一旦有新的蜂王诞生，原来的蜂王就会带着一半左右的工蜂离开蜂巢，到别处去建造新巢。

放大图 凤蝶的身体

触角

可以嗅植物的气味。

头部 · 胸部

上面长着细毛。

眼睛

是由很多小眼组成的复眼，能辨认颜色。

前腿

有助于凤蝶辨识气味。

嘴

虹吸式口器，又细又长，像吸管一样。平时卷起来。

中腿

后腿

前翅

左右各有一片。

翅膀

上面覆盖着鳞状的粉末（磷粉）。翅膀的颜色和图案其实就是由磷粉形成的。

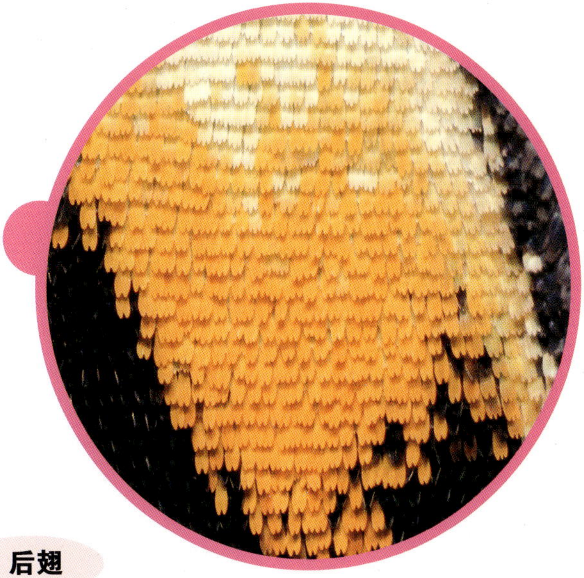

后翅

左右各有一片。

腹部

很柔软。

各种各样的蝴蝶

▲凤蝶（春季型）
●春季
◆庭院・公园・草地

▲金凤蝶
●春季~秋季
◆田地・草地・河堤

▲凤蝶（夏季型）
●夏季~秋季

▲青带凤蝶
●春季~秋季
◆公园・树林周围

▲黑凤蝶（雄性）
●春季~秋季
◆公园・树林周围・庭院

▲黑凤蝶（雌性）

▲日本虎凤蝶
●春季
◆树林・森林

▲**绿带翠凤蝶**

● 春季~夏季

◆ 森林・树林周围

▲**美姝凤蝶**

● 春季~夏季

◆ 树林・森林

◀**麝凤蝶**

● 春季~秋季

◆ 树林周围・草地・河堤

▲乌鸦凤蝶

● 春季~夏季

◆ 树林・公园

▲冰清绢蝶

● 春季

◆ 草地・树林周围

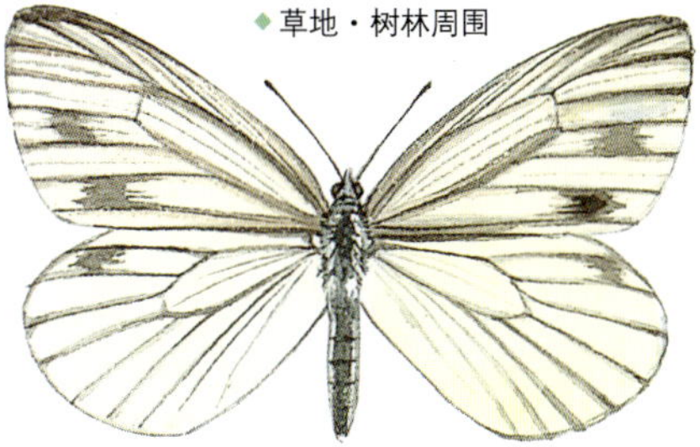

▲黑脉粉蝶

● 春季~秋季

◆ 树林周围・草地・公园

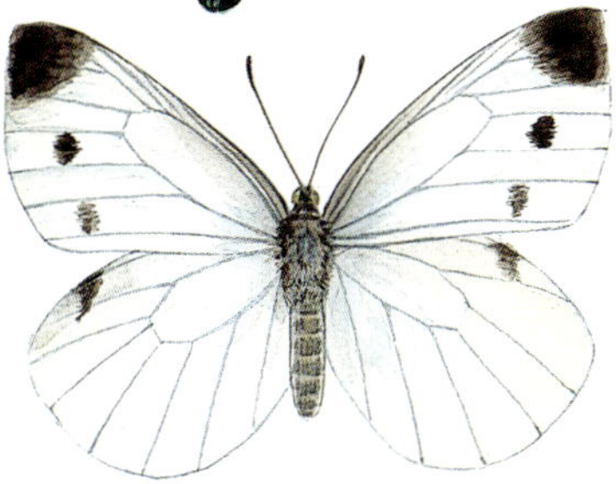

◀菜粉蝶

● 春季~秋季

◆ 田地・草地・庭院

▶宽边黄粉蝶

● 春季~秋季

◆ 树林周围・草地・河堤

▲纹黄蝶（雄性）

● 春季~秋季

◆ 公园・草地・河堤

▲纹黄蝶（雌性）

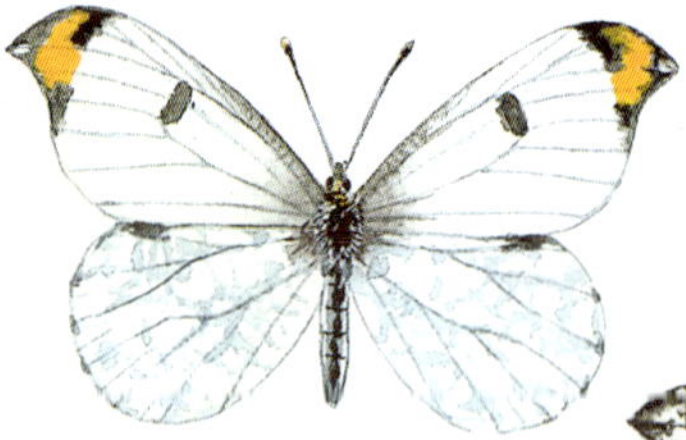

▲黄尖襟粉蝶（雄性）
● 春季
◆ 草地・树林周围

▲黄尖襟粉蝶（雌性）

▲鹤顶粉蝶
● 春季~秋季
◆ 树林周围

▲尖钩粉蝶
● 夏季
◆ 树林・高原

▲尖翅银灰蝶（翅面）
● 春季~冬季
◆ 树林周围・庭院・公园・河堤

▲尖翅银灰蝶（翅里）

▲红灰蝶
● 春季~秋季
◆ 公园・草地・田地・河滩

▲酢浆灰蝶
● 春季~秋季
◆ 庭院・公园・草地・田地

▲琉璃灰蝶
● 春季~秋季
◆ 庭院・公园・草地・田地

▲蓝灰蝶
● 春季~秋季
◆ 草地・田地・河堤

▲直纹稻弄蝶

● 春季~秋季

◆ 田地・水田・草地

▲黄纹孔弄蝶

● 夏季~秋季

◆ 田地・水田・草地

▲瞿眼蝶

● 夏季~秋季

◆ 草地・河堤・公园

▲眼蝶

● 夏季

◆ 草地

各种各样的蛾

▲红天蛾

● 春季~秋季

◆ 荒地・公园・树林・庭院

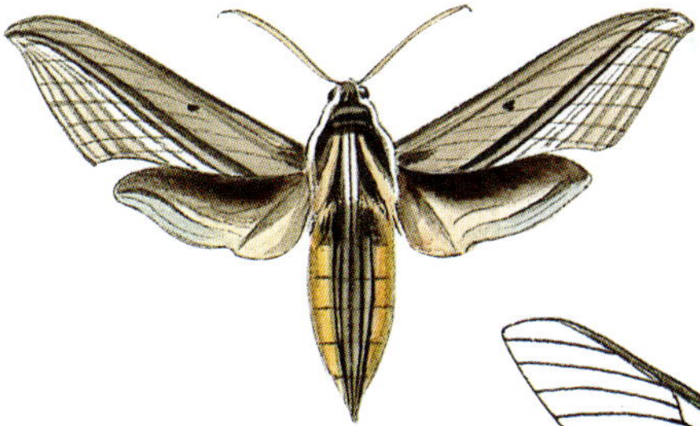

◀雀纹天蛾

● 春季~夏季

◆ 果园・树林・庭院

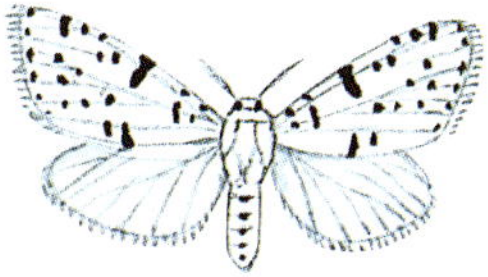

▲美国白蛾

● 春季~秋季

◆ 庭院・公园・果园・桑树林

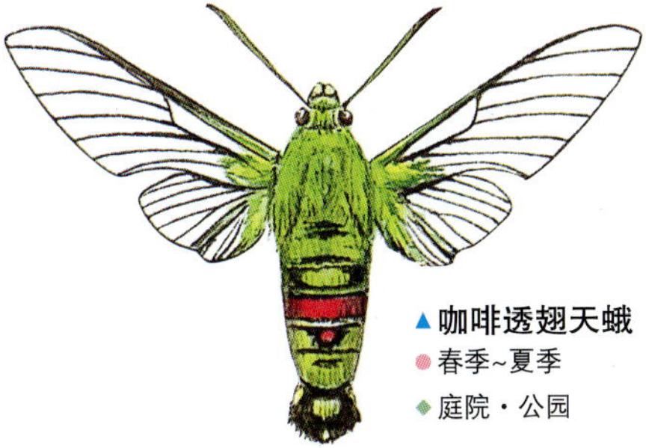

▲咖啡透翅天蛾

● 春季~夏季

◆ 庭院・公园

放大图 七星瓢虫的身体

嘴

咀嚼式口器，能一口咬住蚜虫。

再放大

头部

两侧各有一只眼睛。

胸部

有一部分藏在前翅下面，长有中腿和后腿。

眼睛

是由很多小眼组成的复眼。

触角

尖端较粗，可以嗅气味。

前腿

受到惊吓时，膝盖关节处会分泌出一种难闻的黄色液体。中腿和后腿的关节处也会分泌同样的液体。

中腿

翅膀

前翅带有图案，而且坚硬。后翅为膜质，平时折叠起来放在前翅下面。在飞行的时候，前翅展开，主要用后翅飞行。

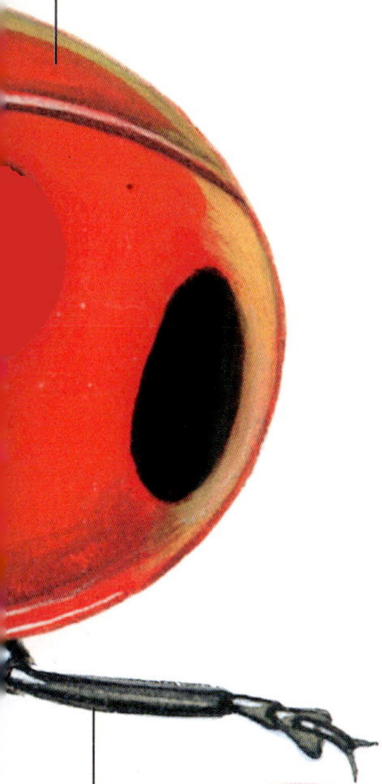

后腿

各种各样的瓢虫

▲ **异色瓢虫**
● 春季~秋季
◆ 庭院・田地・草地・公园

▲ **七星瓢虫**
● 春季~秋季
◆ 庭院・田地・草地

▲ **马铃薯瓢虫**
● 春季~秋季
◆ 田地・公园

▲ **十星瓢虫**
● 春季~秋季
◆ 树林

▲ **茄二十八星瓢虫**
● 春季~秋季
◆ 田地・公园

▲ **黄瓢虫**
● 春季~秋季
◆ 公园・庭院・树林

▲ **赤星瓢虫**
● 春季~秋季
◆ 树林

▲ **六斑异瓢虫**
● 春季~秋季
◆ 森林

▲ **龟纹瓢虫**
● 春季~秋季
◆ 庭院・田地・草地

▲ **澳洲瓢虫**
● 春季~秋季
◆ 橘园

各种各样的甲虫

▲花金龟
● 春季~夏季
◆ 草地・树林周围

▲青花金龟
● 春季~夏季
◆ 草地・树林周围

▲小青花金龟
● 春季~夏季
◆ 草地・庭院・公园

▲金斑短突花金龟
● 春季~夏季
◆ 草地・树林周围

▲白星花金龟
● 夏季~秋季
◆ 草地・树林・果园

▲青翅蚁形隐翅虫★
● 一年四季
◆ 草地・水田

★它的体液有毒，小朋友们千万不要用手触摸或捏它！

▲红背艳金花虫
● 春季~夏季
◆ 田地・果园・草地

▲Y型龟金花虫
● 春季~秋季
◆ 草地・树林

▲黄守瓜
● 春季~秋季
◆ 田地

▲二纹柱萤叶甲
● 春季~秋季
◆ 草地・公园・庭院

▲斑步甲
● 春季~秋季
◆ 草地・公园・田地

▲淡足青步甲
● 一年四季
◆ 草地・田地・河堤

▲方胸花萤
● 春季~夏季
◆ 草地・树林周围

各种各样的椿象和叶蝉

▲ 圆椿象
● 春季~秋季
◆ 草地・河堤・树林周围

▲ 褐翅椿象
● 春季~夏季
◆ 果园・公园・庭院

▲ 褐翅绿椿象
● 春季~秋季
◆ 公园・树林・庭院

▲ 甘蓝菜蝽
● 春季~夏季
◆ 田地・草地

▲ 大盾背椿象
● 秋季~春季
◆ 树林・森林

▲ 琉璃椿象
● 春季~秋季
◆ 草地・树林周围

▲ 红缘猎蝽
● 夏季
◆ 公园・树林周围

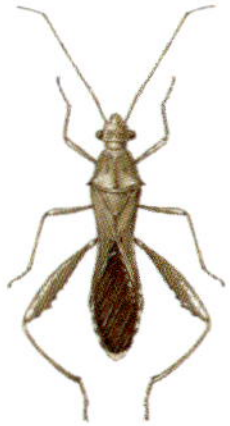

▲ 点蜂缘蝽
● 春季~秋季
◆ 田地・庭院・公园

▲ 细角瓜蝽
● 春季~夏季
◆ 树林周围・草地

▲ 扁蝽
● 春季~夏季
◆ 森林・腐木

▲ 大缘椿象
● 春季~秋季
◆ 山中草地

▲ 小黄猎椿
● 春季~秋季
◆ 水田・河堤

▲ 黑尾大叶蝉
● 春季~秋季
◆ 草地・庭院・公园

▲ 黑尾叶蝉
● 春季~秋季
◆ 水田・水田周围

放大图 日本弓背蚁的身体（工蚁）

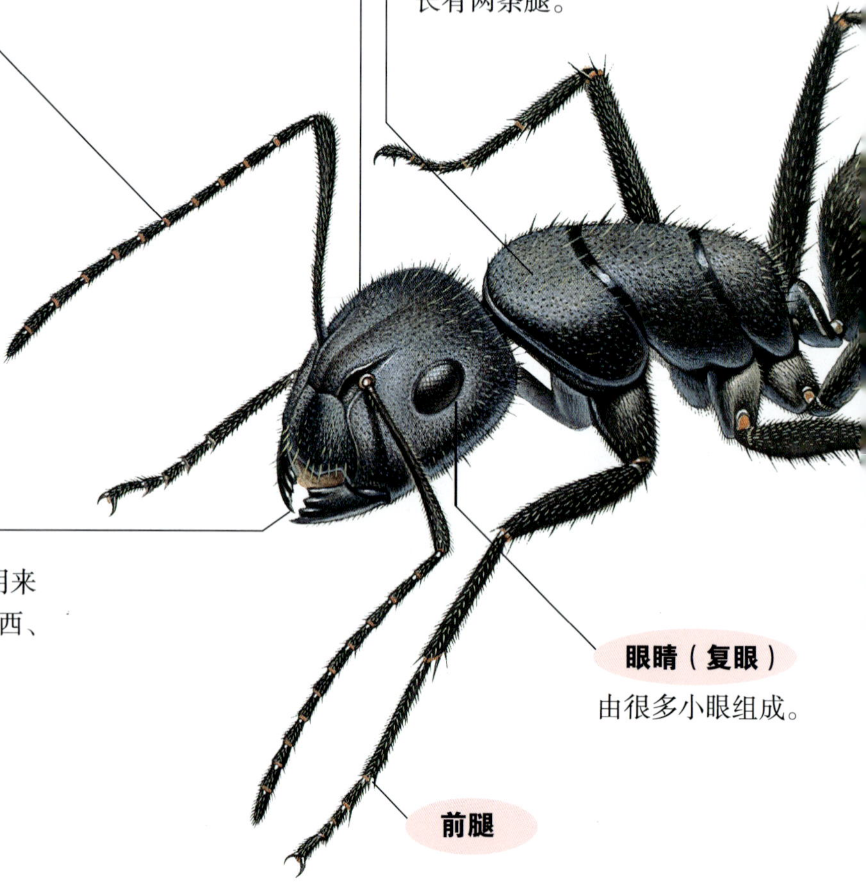

翅膀

工蚁没有翅膀，雄蚁和蚁后都有四片翅膀，可以飞行。

腹部

腹部和胸部之间有一个关节，身体可以自由地转动。腹部末端有螯针，跟敌人战斗时可以作为武器。

各种各样的蚂蚁（工蚁）

▲日本弓背蚁
● 春季~夏季
◆ 草地・公园・田地

▲针毛收获蚁
● 夏季~冬季
◆ 草地

▲黑褐毛蚁
● 春季~秋季
◆ 公园・庭院・树林

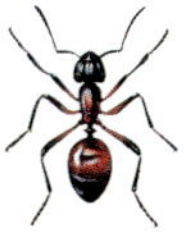

▲暗足弓背蚁
● 春季~秋季
◆ 树林・森林

▲日本黑褐蚁
● 春季~夏季
◆ 草地・公园・庭院・田地

▲叶形多刺蚁
● 春季~秋季
◆ 树林・森林

▲勤勉举尾蚁
● 春季~秋季
◆ 树林・森林

▲凹唇蚁
● 夏季
◆ 森林・树林周围・草地

▲中华厚结猛蚁
● 春季~夏季
◆ 树林・庭院・公园

▲黑草蚁
● 春季~秋季
◆ 树林・公园

▲佐村悍蚁
● 夏季
◆ 草地・公园

放大图 蜜蜂的身体（工蜂）

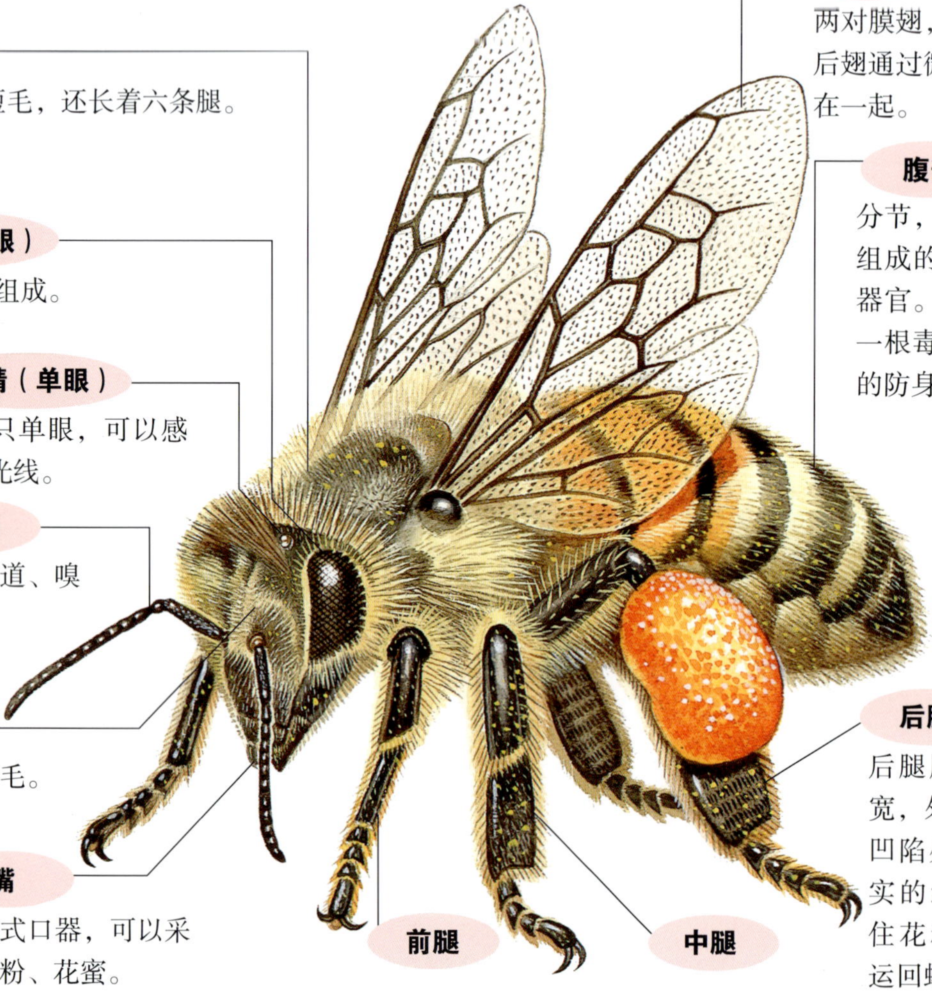

胸部

长着很多短毛，还长着六条腿。

眼睛（复眼）

由很多小眼组成。

眼睛（单眼）

有三只单眼，可以感觉到光线。

触角

用来尝味道、嗅气味。

头部

长着很多短毛。

嘴

嚼吸式口器，可以采集花粉、花蜜。

前腿

中腿

翅膀

两对膜翅，飞行时前翅和后翅通过微小的钩状毛连在一起。

腹部

分节，中间有长毛组成的采集花粉的器官。腹部末端有一根毒刺，是蜜蜂的防身武器。

后腿

后腿胫节末端扁而宽，外侧中间凹陷，凹陷处两边长着结实的细毛，可以粘住花粉团，以将其运回蜂巢。

各种各样的蜜蜂、虻和蝇

▲西方蜜蜂（蜂王）
● 春季~秋季
◆ 草地・庭院

▲西方蜜蜂（工蜂）

▲西方蜜蜂（雄蜂）

▲日本蜜蜂（工蜂）
● 春季~秋季
◆ 草地・树林

▲木蜂
● 春季~秋季
◆ 庭院・公园・树林

▲红光熊蜂
● 春季~秋季
◆ 草地・树林周围

▲蔷薇切叶蜂
● 夏季
◆ 庭院・公园

▲粗腿花虻
● 春季~秋季
◆ 草地・公园・田地

▲凹带食蚜蝇
● 春季~夏季
◆ 草地・树林

▲黑带食蚜蝇
● 春季~秋季
◆ 庭院・草地・公园

▲截形蜂虻
● 春季
◆ 草地・庭院・公园

▲大蜂虻
● 春季~秋季
◆ 草地・田地・公园

▲长尾管蚜蝇
● 春季~秋季
◆ 庭院・草地

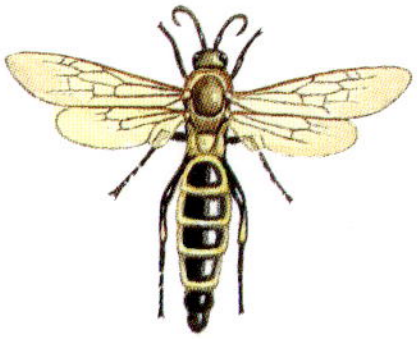

▲金毛长腹土蜂
● 春季~秋季
◆ 草地・公园・庭院

▲银口蜂
● 夏季
◆ 草地・河堤・树林周围

▲泥蜂
● 春季~秋季
◆ 草地・公园

▲德利蜂
● 春季~夏季
◆ 草地・树林周围

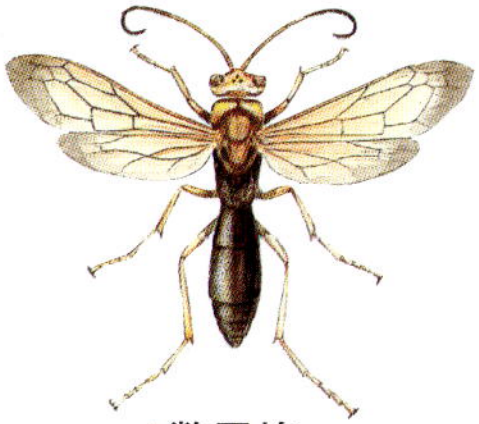

▲鳖甲蜂
● 春季~夏季
◆ 草地・树林周围

▲杜鹃叶蜂
● 春季~秋季
◆ 庭院・公园

春天，与昆虫相会的方法

去花开的地方找一找

野地里盛开的花朵里有很多花蜜和花粉。这些花蜜和花粉含有很多养分，昆虫们肚子饿了，就会飞到有花的地方去饱餐一顿。所以，你们可以到鲜花盛开的地方去找昆虫。

在树叶和草叶上找一找

春天，草会发芽，树会长出很多新的叶子。新长出的叶子鲜嫩可口，会招来很多昆虫。你们去看看叶子的正面和背面，可能就会找到昆虫哦。

● 到田地里找一找

在春天的油菜地里，我们能看见很多互相追逐飞行的菜粉蝶。这是雄蝶在追自己喜欢的雌蝶呢。有些菜粉蝶会停在油菜叶上产卵。

● 找一找昆虫的幼虫

春天会有很多昆虫的幼虫破卵而出。幼虫很小，要找到它们可不容易哦。不过，叶子的背面和草根处都生活着很多幼虫。

● 在阳光照射到的地方找一找

虽然是春天，但上午还会有些冷。天气好的时候，有些昆虫会出来晒太阳。因此，在那些阳光能够照射到的地方，比如叶子上，比较容易找到昆虫。

夏天，在山中和树林里与昆

相会

到了夏天，有些树木会分泌出甜甜的树汁，很多昆虫（比如独角仙、金龟子、蝴蝶和蜜蜂）都会闻香飞来，还有一些啃食树叶、树皮和树干的昆虫也会被吸引来。

独角仙的生活

两只正在打斗的雄独角仙。

初夏夜晚的杂木林里，两只雄独角仙为了抢夺香甜的树汁而大打出手。身强力壮的雄独角仙能用触角将对手顶出老远。

雌独角仙没有角，它们会在覆盖着落叶的土里产卵。

独角仙的幼虫靠吃落叶腐化后形成的土壤长大。

第二年初夏，成熟的幼虫在土里化蛹，完全长成成虫后爬出地面。

◀ 独角仙的卵和幼虫。刚孵化出来的幼虫体长约为1厘米，以落叶腐化后形成的土壤为食物。到第二年夏天之前，幼虫会蜕两次皮。

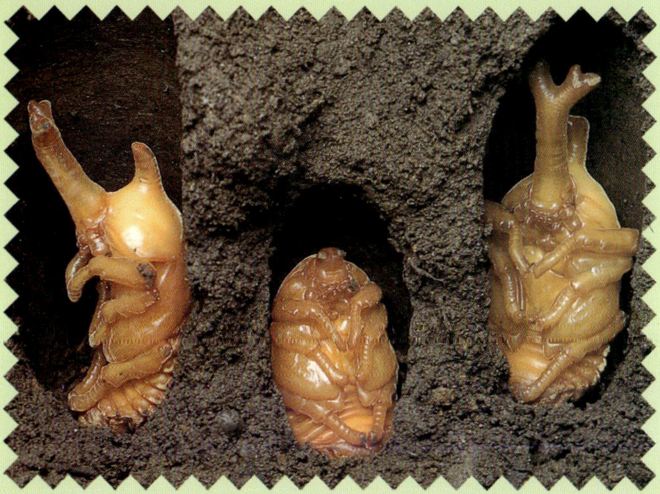

▶ 独角仙的蛹。独角仙的角在化蛹时逐渐长出来。它在地底下的蛹室里蜕去外壳，长成成虫。一周以后成虫身体变硬，爬出地面。

*独角仙的成虫只能生存一个月左右，雌虫的寿命比雄虫的长。

曲颚前锹甲的生活

两只正在打斗的曲颚前锹甲。

雄曲颚前锹甲用锯齿般的大颚跟敌人打斗。

雌曲颚前锹甲在腐朽的树上打洞，然后将卵产在洞中。

刚孵化的幼虫以开始腐烂的树木为食。到第二年夏天，它们在树中变成蛹，长成成虫。但是，它们会继续在树中度过接下来的冬天和春天，到下一年初夏才会出来。

◀ 准备产卵的雌曲颚前锹甲。雌虫的颚小而短，它正在腐朽的树上挖洞，为产卵做准备。孵化出来的幼虫靠吃腐树成长。

▶ 长成成虫后的第二年初夏，雌曲颚前锹甲慢慢地从洞里爬出来。

*雄曲颚前锹甲的大颚是它跟其他雄虫、独角仙等敌人打斗时的有力武器。它能用这对强有力的大颚将敌人顶出老远。

卷叶象鼻虫的生活

夏天，在杂木林里可以看到卷叶象鼻虫，这是一种以树叶为食的小虫子。雌卷叶象鼻虫在树叶上产下一粒卵，然后用这片叶子把卵一层层地裹起来，就做成了卵和幼虫的巢。

幼虫孵化后靠吃裹在自己身上的树叶生长。大约两周之后，幼虫化成蛹，完全成熟后，成虫就会钻出巢，融入外面的世界。

用叶子做成的筒状巢，倒垂在叶柄上。

◀ 正在产卵的雌卷叶象鼻虫。它先把叶子的根部从旁边咬开，对折，再把尖端稍微卷起来，然后在叶子上产下一粒卵，接着将叶子一层层地卷起来。

▼ 完工后的巢的纵向剖面图。一粒黄色的卵被数十层叶子紧紧包裹着，外面的大风大雨或者炎炎烈日都不会伤害它。

▲初夏时，卷叶象鼻虫在杂木林中可以做食物的叶子上产卵，然后把那片叶子卷起来做成幼虫的巢。从一粒卵产下来到长成成虫大约需要一个月的时间，成虫活动到10月份左右，然后以成虫的形态过冬。

油蝉的生活

在树上大声鸣叫的雄蝉。

夏天一到，油蝉就开始在杂木林中或公园的树上唱起歌来。会叫的都是雄蝉，雌蝉是不会叫的。雄蝉鸣叫有时是为了吸引雌蝉前来进行交配。

在夏天即将结束的时候，雌蝉在树干上产下细长的卵。这些卵要度过一个冬天，到第二年夏天才会孵化。

刚孵化的幼虫从树上掉下来，钻进土里。它们在土里生活六年左右的时间才会长成成虫。

◀ 从树根里吸食汁液的油蝉幼虫。因为一直生活在没有阳光的土壤中，它的眼睛几乎看不见东西。它用脚牢牢抓住树根。

▶ 到了第七年的夏天，油蝉幼虫会在黄昏或夜间钻出土表，爬到树上，然后抓紧树皮，蜕掉外壳，羽化成成虫。油蝉的成虫寿命较短，不到一个月就会死去。

*油蝉的幼虫会在第七年夏天的黄昏或夜间爬出地面。在地下生活时幼虫的眼睛什么也看不见，但爬出地面后它就能看清东西了。

放大图 独角仙的身体

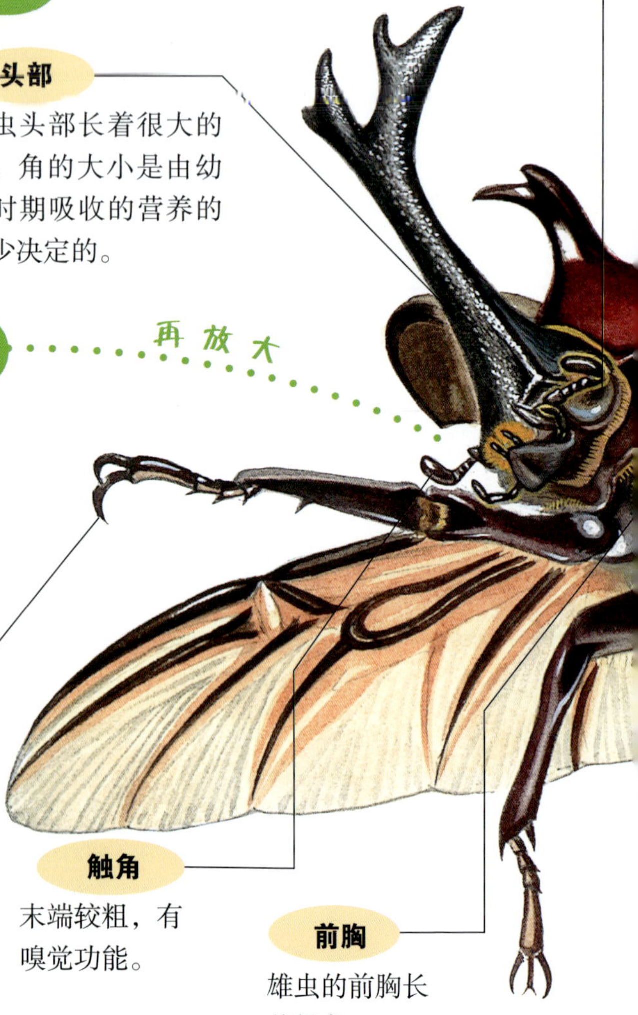

眼睛

由很多小眼组成。

头部

雄虫头部长着很大的角。角的大小是由幼虫时期吸收的营养的多少决定的。

嘴

口器像刷子一样，可吸取树汁等食物。

前腿

前端的利爪可以紧紧抓住树皮。

触角

末端较粗，有嗅觉功能。

前胸

雄虫的前胸长着触角。

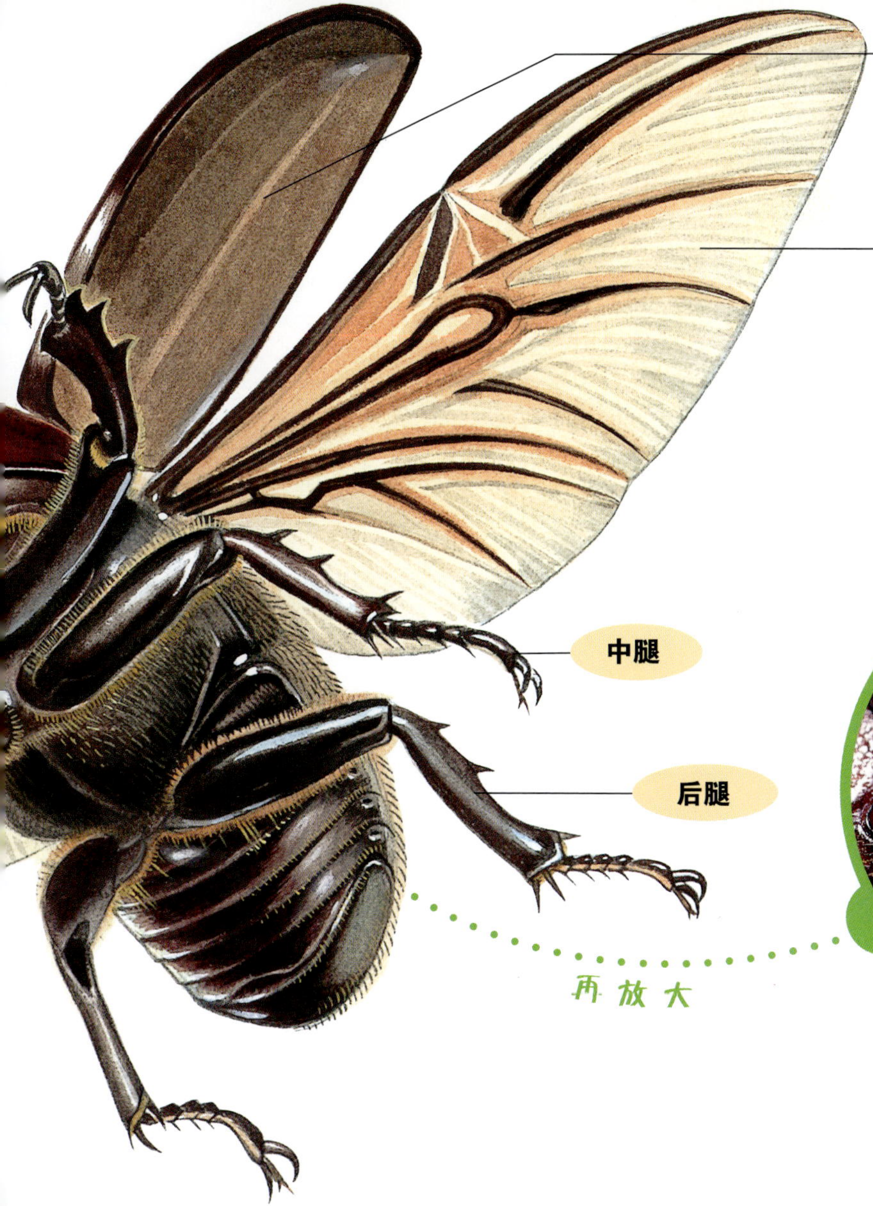

前翅

飞行时，前翅张开并保持静止状态。

后翅

用来飞行，平时藏在坚硬的前翅下面。

中腿

后腿

腹部

分节，两侧排列着几对用来呼吸的气孔。

各种各样的金龟子和蜣螂

▲独角仙（雄性）
● 夏季
◆ 树林

▲独角仙（雌性）

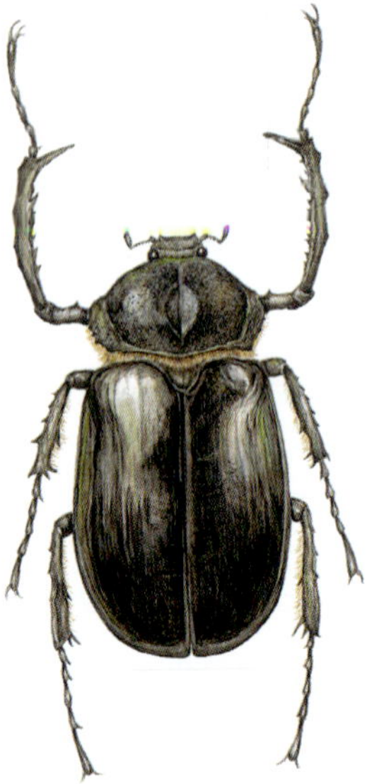

▲山原长臂金龟
● 夏季
◆ 日本冲绳的森林

▲中华晓扁犀金龟
● 夏季~初秋
◆ 树林

▲墨绿彩丽金龟
● 夏季
◆ 树林・公园

▲大栗鳃角金龟
● 夏季
◆ 庭院・公园・果园

▲ 蜣螂
● 夏季
◆ 牧场

▲ 五角蜣螂
● 春末~秋季
◆ 牧场等

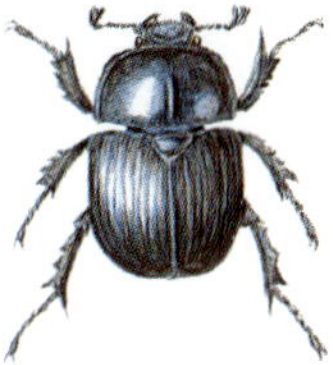

▲ 大型雪隐金龟
● 夏季
◆ 牧场

▲ 雪隐金龟
● 春季~秋季
◆ 牧场・公园

▲ 粗绿彩丽金龟
● 夏季
◆ 树林・公园

▲ 铜色丽金龟
● 夏季
◆ 果园・树林周围

▲ 小青铜金龟
● 夏季
◆ 树林周围・海边的树林

▲ 日本丽金龟
● 春末~夏季
◆ 田地・果园・公园・庭院

▲ 日铜罗花金龟
● 夏季
◆ 树林・公园

▲ 绿罗花金龟
● 夏季
◆ 树林・森林

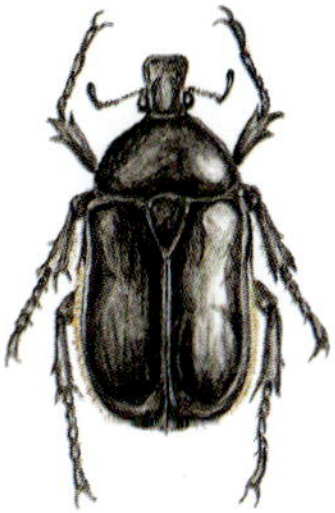

▲ 黑罗花金龟
● 夏季
◆ 树林

▲ 红绒毛金龟
● 春季~夏季
◆ 草地・庭院・田地

放大图 曲颚前锹甲的身体

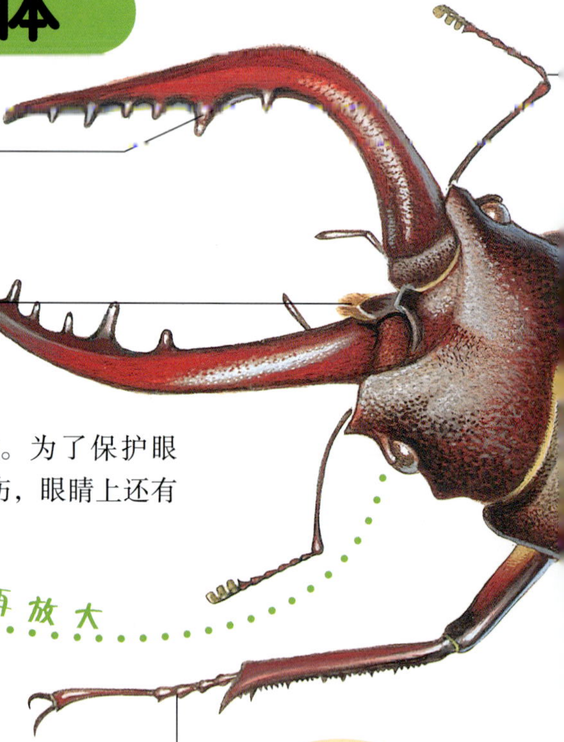

头部

雄性有角状的上颚，可以自由地张闭，用来夹住东西。

嘴

口器上长有刷子般的毛，可以吸食树汁。

眼睛

由很多小眼组成。为了保护眼睛，避免被树刺伤，眼睛上还有一层遮盖物。

前胸

中胸和后胸都藏在前翅下面。

前腿

前端的利爪可以紧紧抓住树枝。

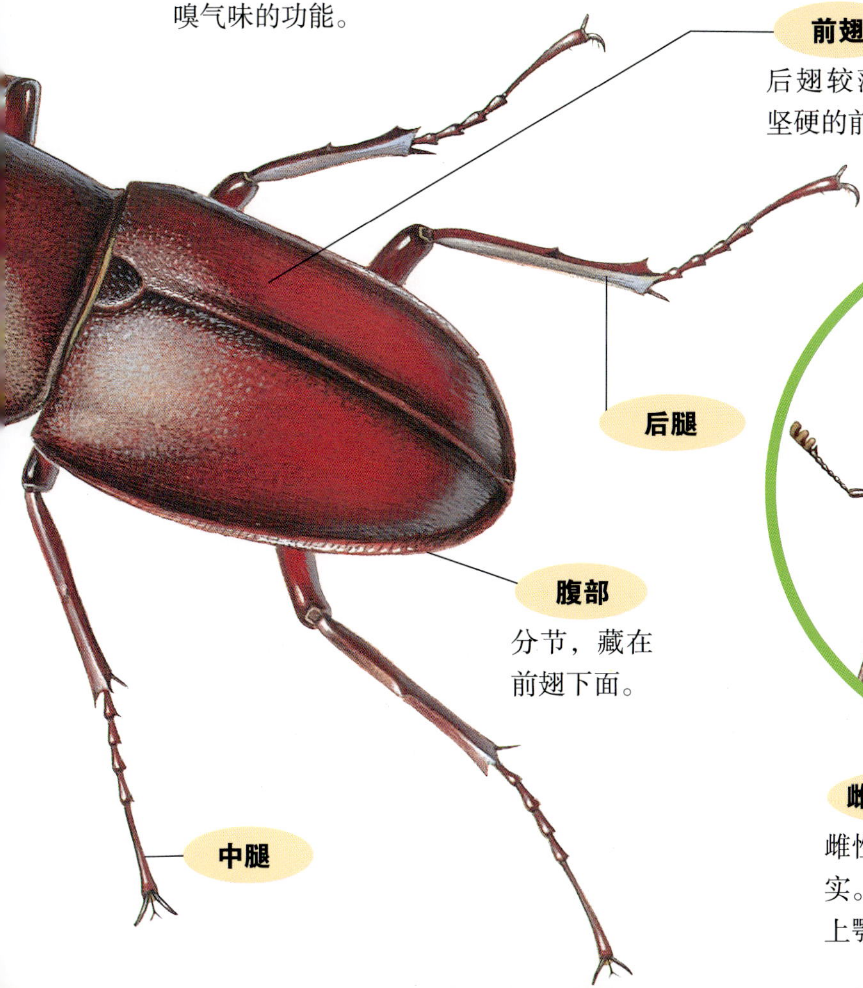

触角

前端呈牙刷状，有嗅气味的功能。

前翅

后翅较薄，叠放在坚硬的前翅下面。

后腿

腹部

分节，藏在前翅下面。

中腿

雌性的头部

雌性的上颚很小，但是很结实。产卵前它就用强有力的上颚在树上挖洞。

各种各样的锹形虫

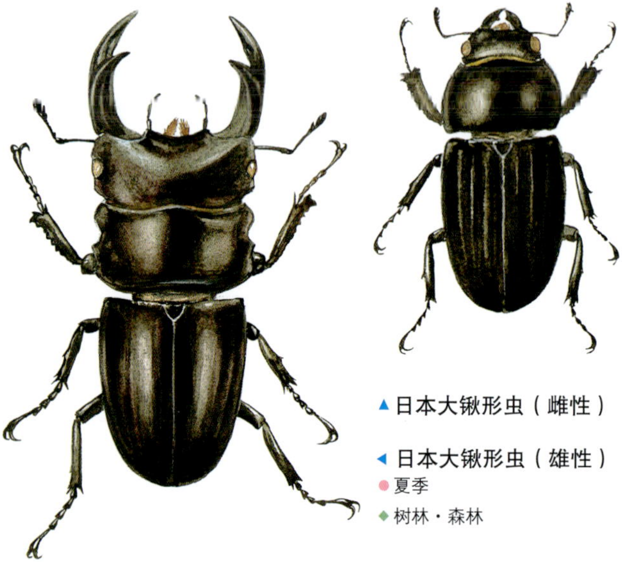

▲日本大锹形虫（雌性）

◀日本大锹形虫（雄性）

● 夏季

◆ 树林・森林

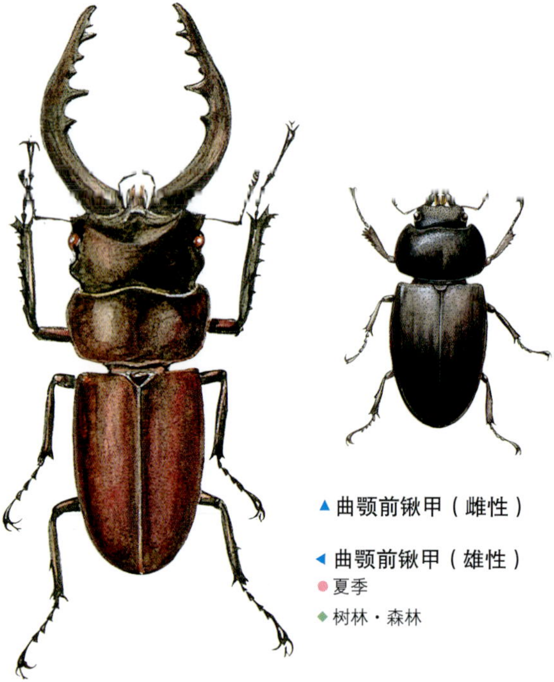

▲曲颚前锹甲（雌性）

◀曲颚前锹甲（雄性）

● 夏季

◆ 树林・森林

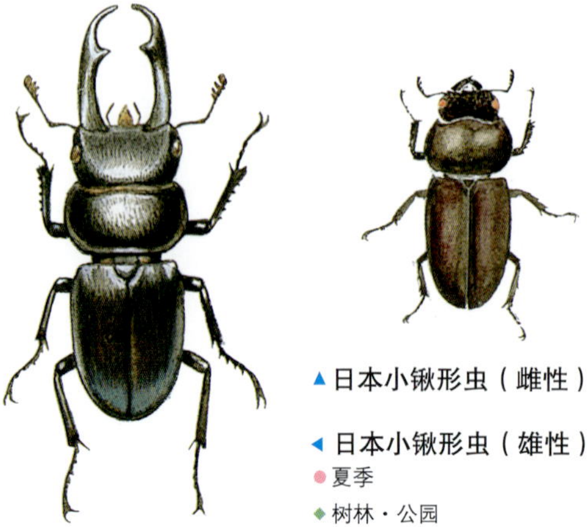

▲日本小锹形虫（雌性）

◀日本小锹形虫（雄性）

● 夏季

◆ 树林・公园

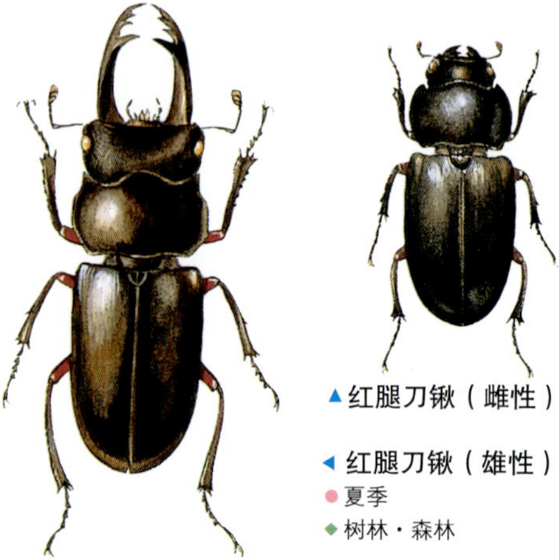

▲红腿刀锹（雌性）

◀红腿刀锹（雄性）

● 夏季

◆ 树林・森林

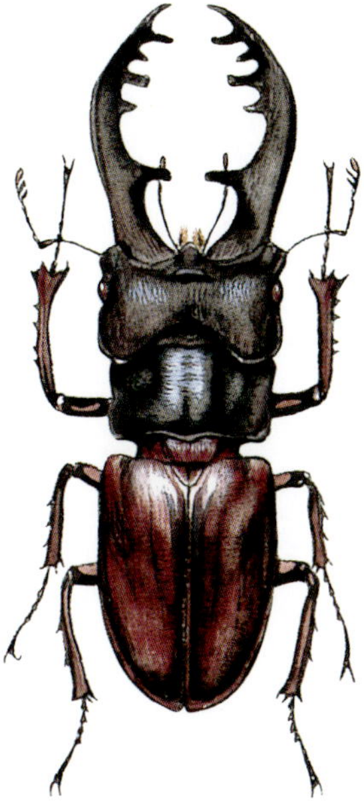

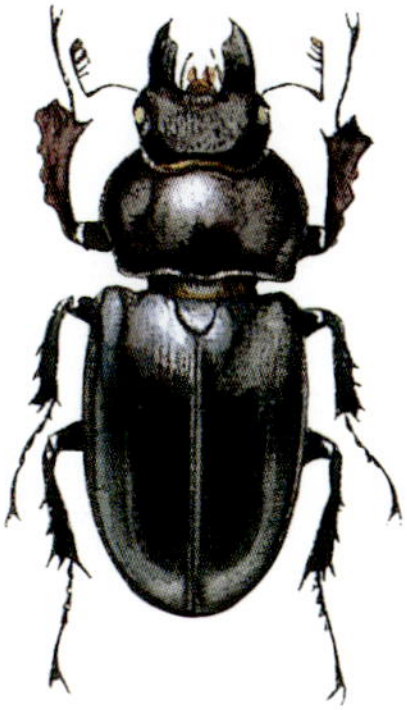

▲高砂深山锹形虫（雌性）

◀高砂深山锹形虫（雄性）

● 夏季

◆ 森林

▲扁锹形虫（雌性）

◀扁锹形虫（雄性）

● 夏季

◆ 树林

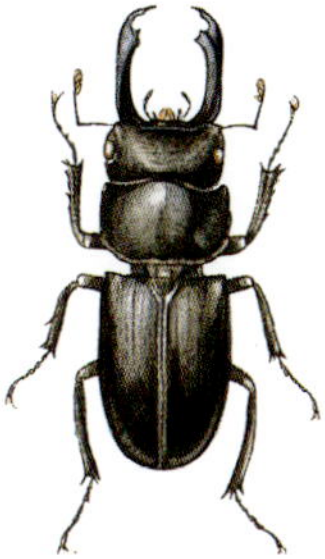

▲条纹锹形虫（雄性）

● 夏季

◆ 森林

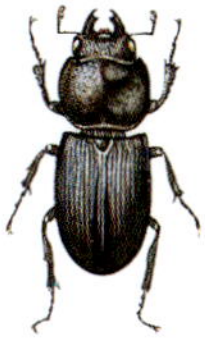

▲条纹锹形虫（雌雄）

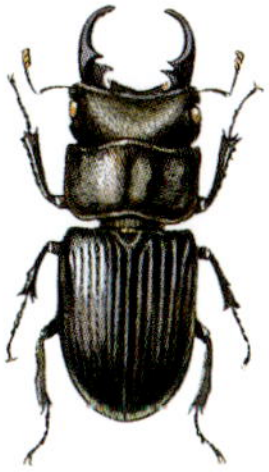

▲台湾肥角锹形虫（雄性）

● 夏季

◆ 树林

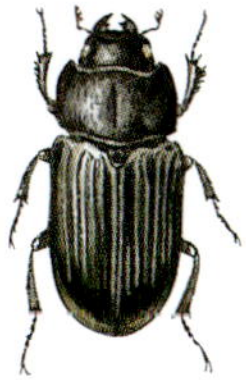

▲台湾肥角锹形虫（雌性）

放大图 白条天牛的身体

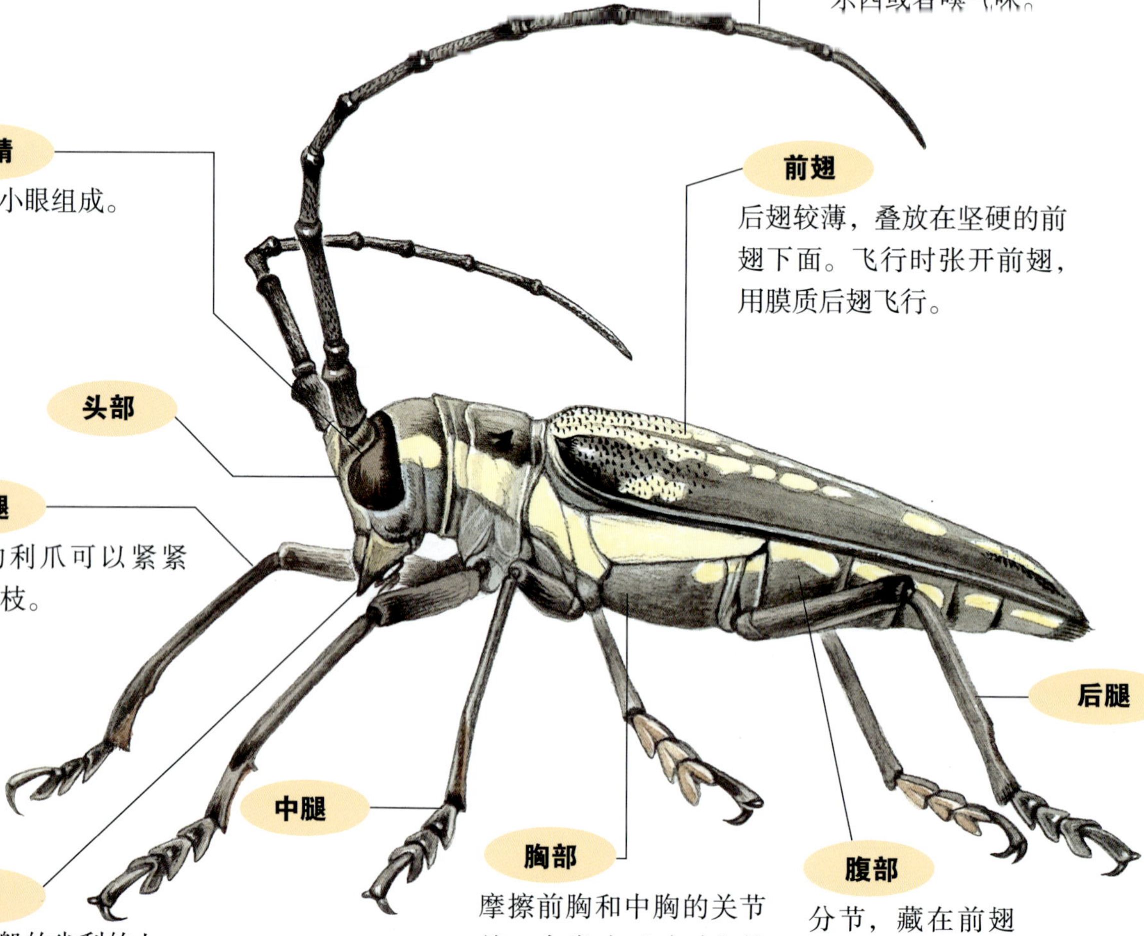

触角

很长，可用来触摸东西或者嗅气味。

眼睛

由很多小眼组成。

前翅

后翅较薄，叠放在坚硬的前翅下面。飞行时张开前翅，用膜质后翅飞行。

头部

前腿

前端的利爪可以紧紧抓住树枝。

后腿

中腿

嘴

用剪刀般的尖利的上颚啃咬树枝。

胸部

摩擦前胸和中胸的关节处，会发出“吱吱”的声音。

腹部

分节，藏在前翅下面。

● 各种各样的天牛

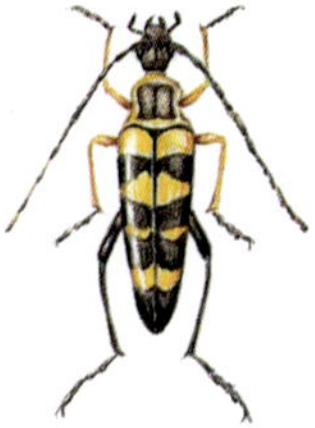

▲金毛四条花天牛
● 夏季
◆ 森林・花园

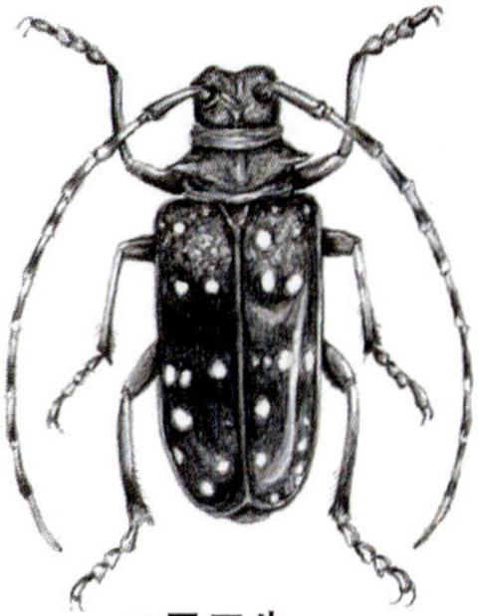

▲星天牛
● 夏季~秋季
◆ 公园・果园

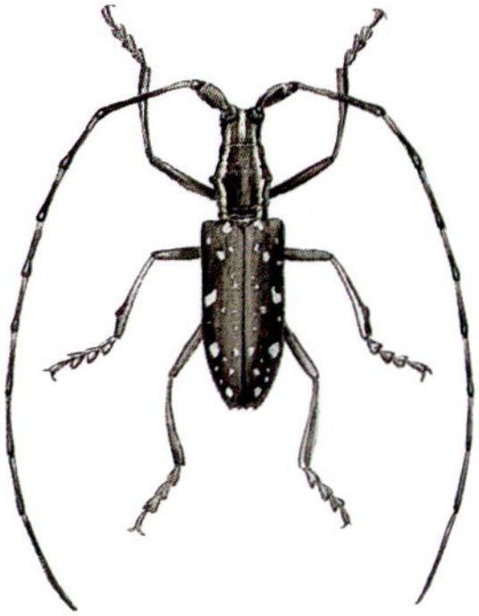

▲黄星桑天牛
● 春末~秋季
◆ 果园・桑树林

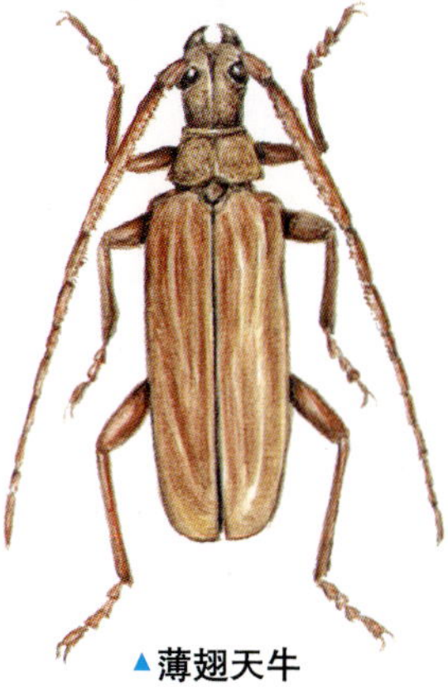

▲薄翅天牛
● 夏季
◆ 树林・森林・公园

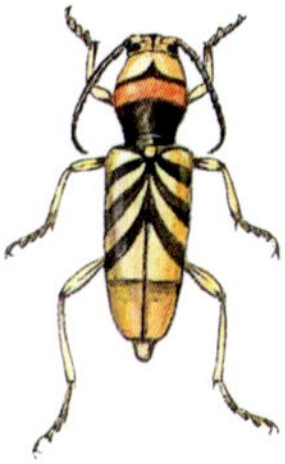

▲桑脊虎天牛
● 春季~夏季
◆ 树林・果园

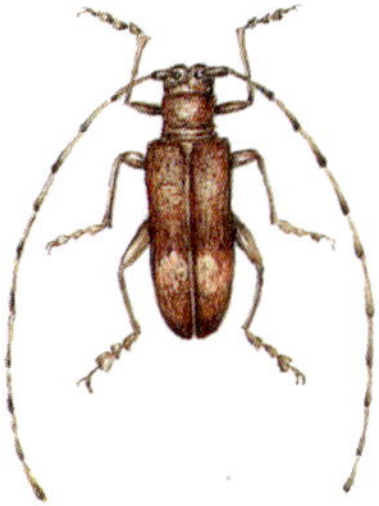

▲青杨脊虎天牛
● 春末~夏季
◆ 树林

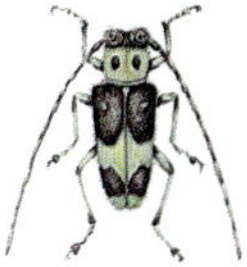

▲苎麻双脊天牛
● 春末~夏季
◆ 树林周围

▲菊天牛
● 春季~夏季
◆ 草地・公园

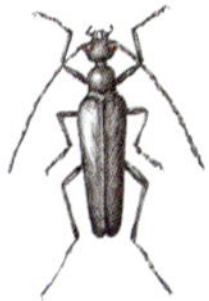

▲橡黑天牛
● 夏季~秋季
◆ 森林・花园

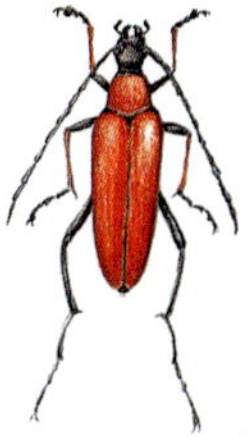

▲黑角散花天牛
● 夏季~初秋
◆ 树林周围・花园

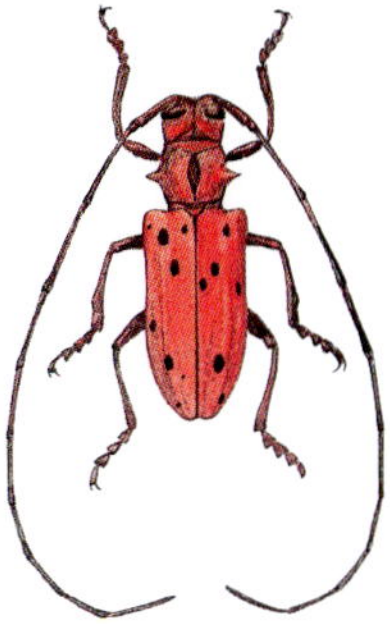

▲樟彤天牛
● 春季~夏季
◆ 海边的树林

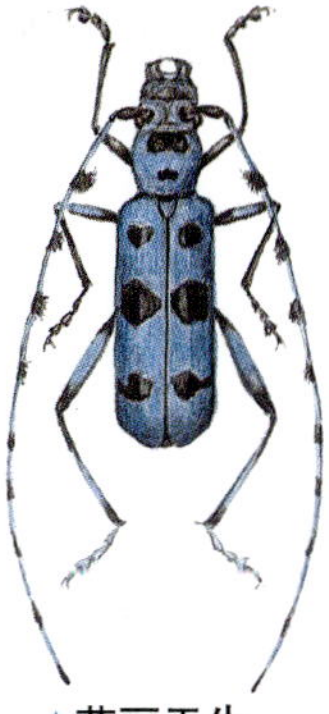

▲蓝丽天牛
● 夏季~初秋
◆ 树林・森林

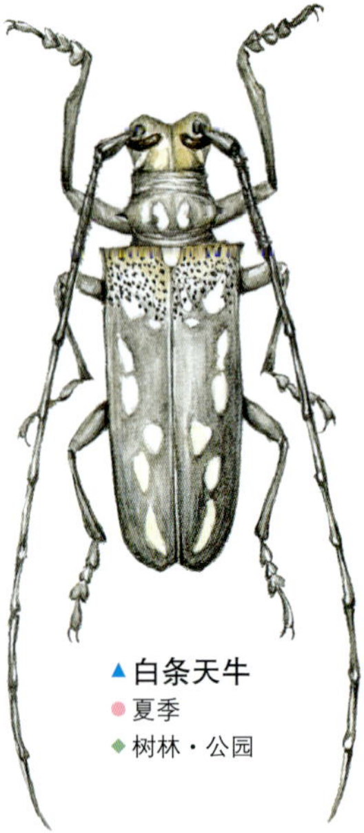

▲白条天牛
● 夏季
◆ 树林・公园

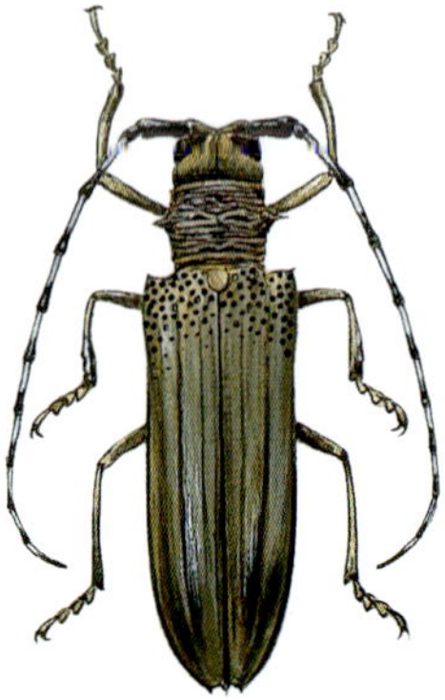

▲桑天牛
● 夏季~秋季
◆ 树林・公园

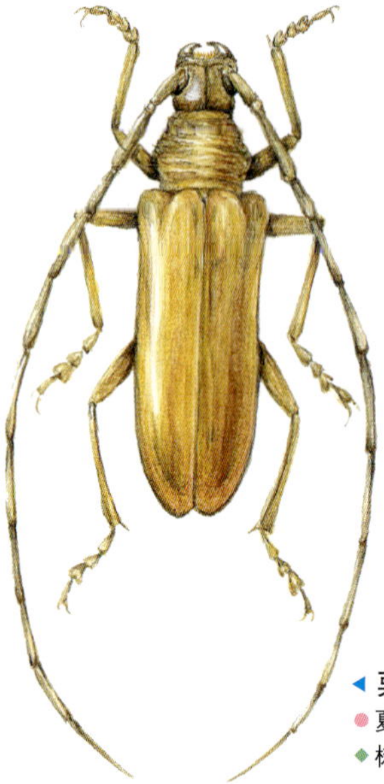

◀ 栗山天牛
● 夏季
◆ 树林・森林

▲锯天牛
● 夏季
◆ 树林・森林

各种各样的甲虫

▲大红斑葬甲
● 春季~秋季
◆ 树林・公园

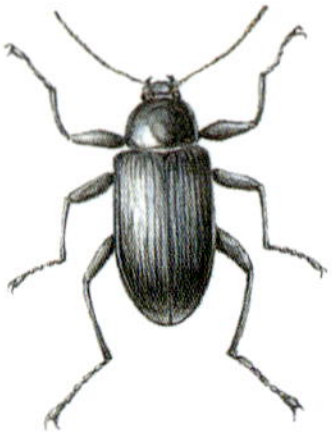

▲木通拟步甲
● 夏季
◆ 树林・公园

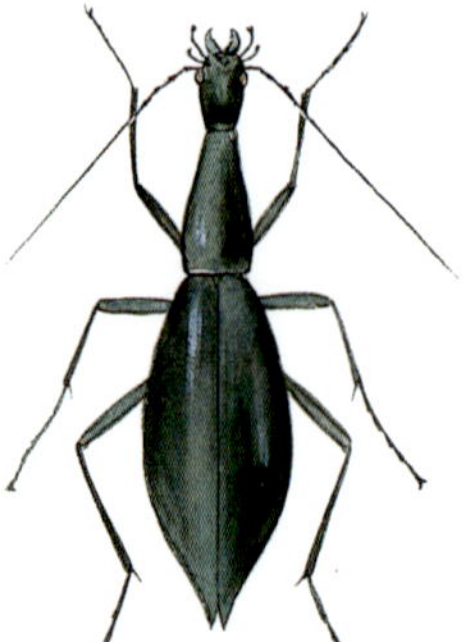

▲台湾食蜗步行虫★
● 春末~初秋
◆ 树林・森林

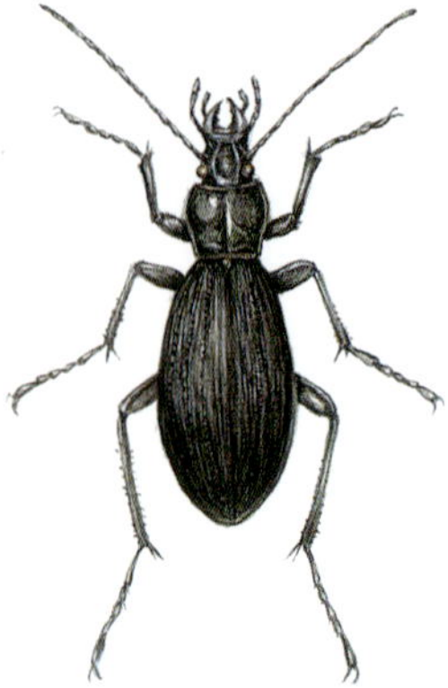

▲台湾拟食蜗步行虫★
● 春季~秋季
◆ 树林・森林

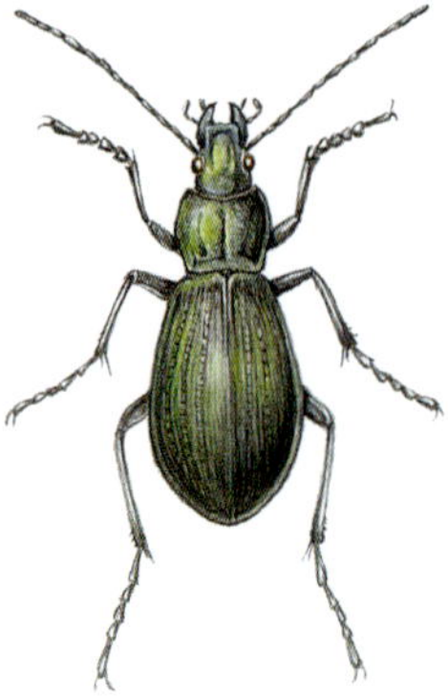

▲青步行虫★
● 春季~秋季
◆ 树林・公园

★名称后面有此标记的甲虫会分泌有刺激性的液体，小朋友们千万不要用手触摸，更不能让液体进入眼睛里面。

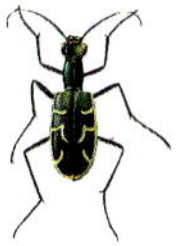

▲散纹虎甲
● 夏季~秋季
◆ 河滩

▲多型虎甲铜翅亚种
● 春季~秋季
◆ 河滩・沙土地

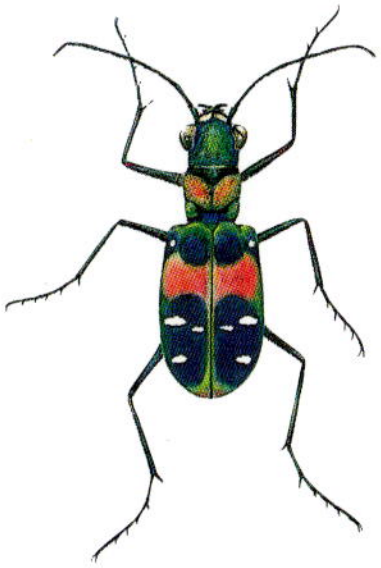

▲虎甲
● 春季~秋季
◆ 森林

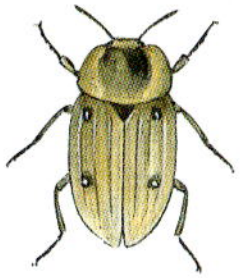

▲六脊树葬甲
● 夏季
◆ 森林

▲四斑露尾甲
● 夏季
◆ 树林

▲棕长颈卷叶象鼻虫
● 春末~夏季
◆ 树林

▲姬琉璃卷叶象鼻虫
● 春季~夏季
◆ 树林・公园・庭院

▲花斑切叶象
● 春末~夏季
◆ 树林周围

▲日本苹虎象
● 春季~初夏
◆ 果园・树林周围

▲玉米象
● 一年四季
◆ 谷仓等

▲柞栎象虫
● 夏季
◆ 树林・公园

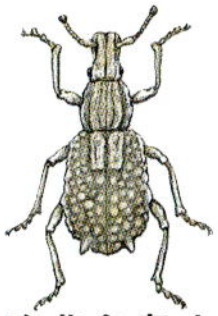

▲隆背象鼻虫
● 夏季
◆ 树林・森林

▲栗实象鼻虫
● 夏季
◆ 栗树・树林

▲天牛霉纹斑叩甲
● 夏季
◆ 松林

▲西式叩甲
● 夏季
◆ 树林

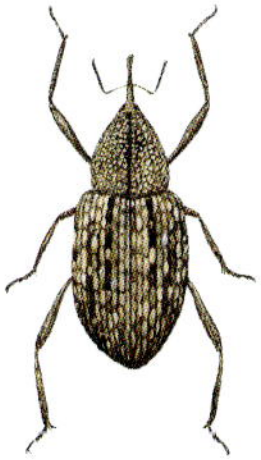

▲松瘤象
● 夏季
◆ 树林

▲彩虹吉丁虫
● 夏季
◆ 树林・公园

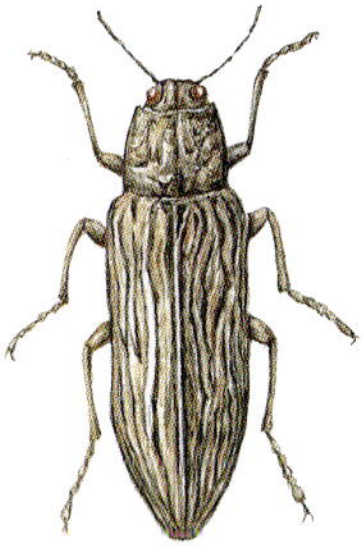

▲松吉丁虫
● 夏季
◆ 松林・公园

放大图 大紫蛱蝶的身体

前翅

左右各有一片。

后翅

左右各有一片。

头部 · 胸部

长着细毛。

腹部

很柔软，分节。

眼睛

由很多小眼组成，可以分辨颜色。

再放大

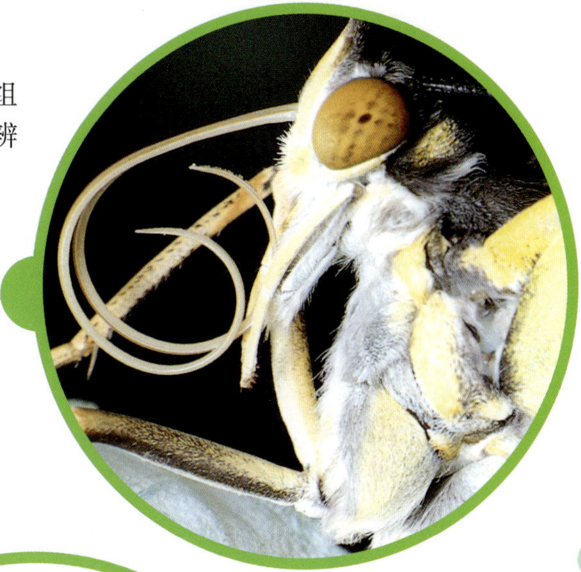

触角

具有嗅气味的功能。

嘴

虹吸式口器，像吸管一样又细又长。有两根“管子”，平时卷起来，吸树汁时使用。

再放大

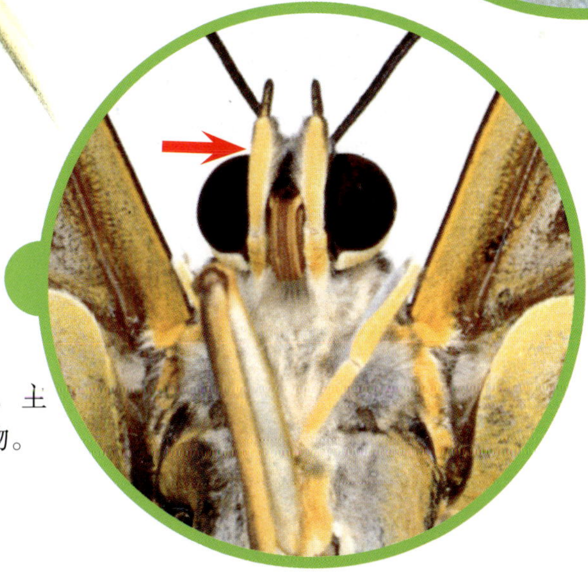

前腿

较短，不明显，主要用于品尝食物。

各种各样的蝴蝶

▲大紫蛱蝶（翅面）
● 夏季
◆ 树林

▲大紫蛱蝶（翅里）

▲小脉蛱蝶
● 初夏~秋季
◆ 公园・树林

◀孔雀蛱蝶
● 夏季~秋季
◆ 高原・森林

◀细带闪蛱蝶
● 夏季~秋季
◆ 树林・森林・河滩

▲一文字蝶（翅面）

● 春季~秋季

◆ 树林・庭院・公园

▲一文字蝶（翅里）

▲青豹蛱蝶（雄性）

● 夏季~秋季

◆ 树林周围・高原

◀ 三线蝶

● 夏季

◆ 树林・森林

▲青豹蛱蝶（雌性）

◀ 红线蛱蝶

● 夏季

◆ 森林・溪流旁边

▶ 日阴蝶

● 初夏~秋季

◆ 树林・公园

◀ 枯叶蝶（翅面）

● 春季~秋季

◆ 树林

◀ 里黄斑日阴蝶

● 春季~秋季

◆ 树林・公园・庭院

◀ 枯叶蝶（翅里）

▶ 电蛱蝶

● 夏季~秋季

◆ 树林・森林

▲大红蛱蝶（翅面）
● 春季~秋季
◆ 树林周围 · 草地 · 田地

▲大红蛱蝶（翅里）

▲白镰纹蛱蝶
● 夏季~秋季
◆ 森林 · 山中

◀ 黄钩蛱蝶（翅面）
● 春季~秋季
◆ 田地 · 河堤 · 公园

◀ 黄缘蛱蝶
● 夏季~秋季
◆ 森林 · 高原

▶ 黄钩蛱蝶（翅里）

◀ 琉璃蛱蝶
● 春季~秋季
◆ 树林 · 公园 · 庭院

▼ **大绢斑蝶**
● 春末~秋季
◆ 森林・树林

◀ **朴喙蝶**
● 春季~秋季
◆ 树林・森林・公园

▲ **山珠弄蝶**
● 初春~初夏
◆ 树林

▲ **黑弄蝶**
● 初夏~秋季
◆ 庭院・公园・草地

▲ **绿弄蝶**
● 夏季~秋季
◆ 树林

◀ **黑灰蝶**
● 夏季
◆ 树林

◀ **日本翠灰蝶**
● 夏季
◆ 树林・森林

◀ **紫小灰蝶**
● 初夏~秋季
◆ 树林・森林・公园

各种各样的蛾

◀ 野蚕蛾
● 春季~秋季
◆ 桑树林・树林

◀ 家蚕蛾
● 春季~秋季
◆ 养蚕室

◀ 天蚕蛾
● 夏末~秋季
◆ 树林

▲ 直脉青尺蛾
● 夏季
◆ 树林

◀ 茶毛虫★
● 夏季~秋季
◆ 茶园・庭院树木

★茶毛虫腹部的细毛有毒，小朋友们千万不要用手触摸它。

◀ 茶避债蛾
● 夏季
◆ 茶园・公园・树林

▲ 大避债蛾
● 夏季
◆ 公园・树林

▲ 双黄环鹿蛾
● 夏季
◆ 草地

◀ 鸥裳夜蛾
● 夏季
◆ 树林

◀ 枯叶夜蛾
● 夏季
◆ 果园・树林

放大图 二纹长脚蜂的身体

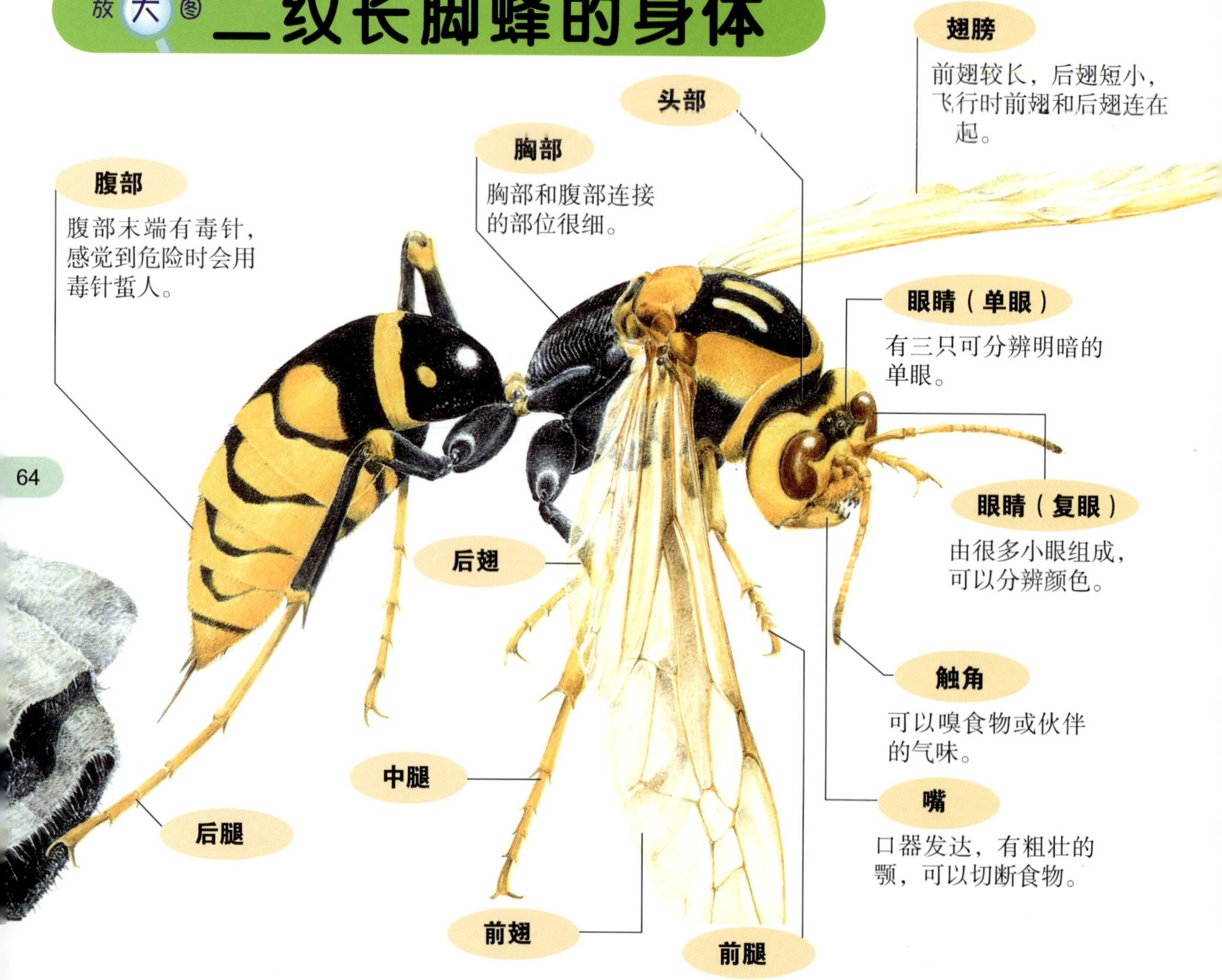

各种各样的蜂

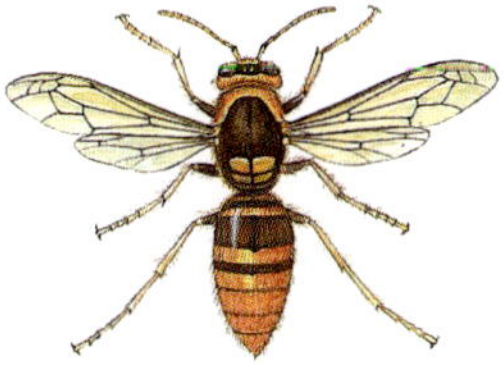

▲黄蜂★
● 春季~秋季
◆ 树林・庭院・公园

▲ 拟大虎头蜂★
● 春季~秋季
◆ 树林・庭院・公园

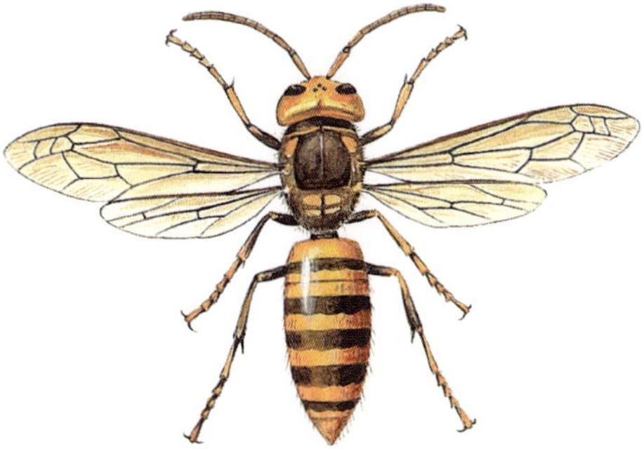

▲ 日本大黄蜂★
● 春季~秋季
◆ 树林・森林

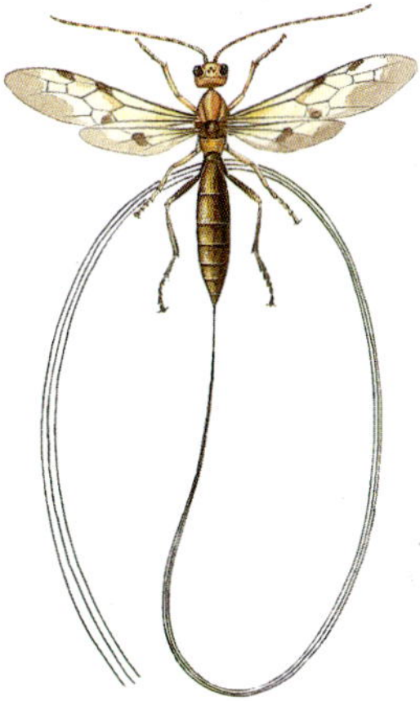

▲马尾茧蜂
● 春季
◆ 树林

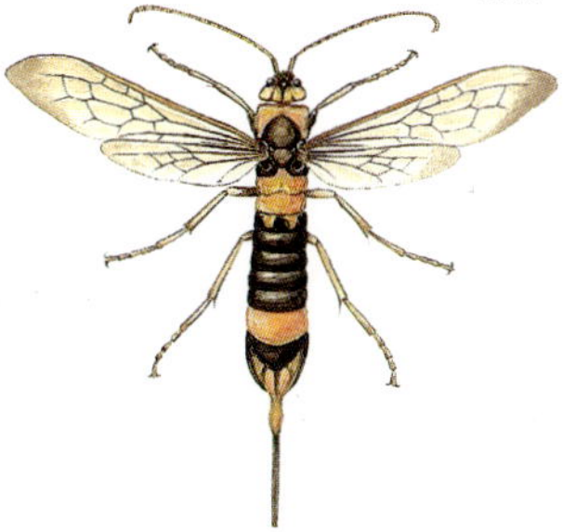

▲日本树蜂
● 夏季
◆ 树林・森林

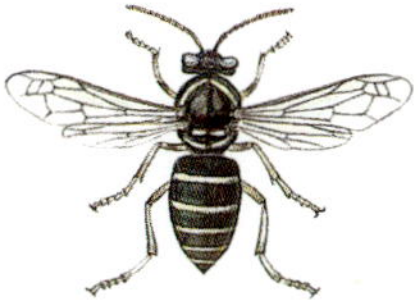

▲ 细黄胡蜂★
● 春季~秋季
◆ 树林・森林

▲ 二纹长脚蜂★
● 春季~秋季
◆ 草地・河滩・庭院

▲小长脚蜂★
● 春季~秋季
◆ 草地・树林・河滩・庭院

▲黄长脚蜂★
● 春季~秋季
◆ 树林

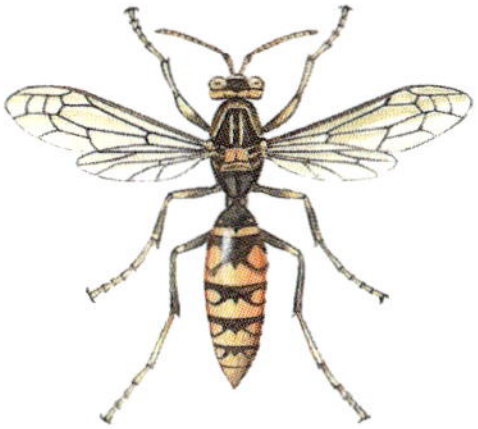

▲家长脚蜂★
● 春季~秋季
◆ 草地・河滩・公园

★名字后面有此标记的是会蜇人的蜂，千万注意不要被它们蜇到哦。

放大图 油蝉的身体

眼睛（单眼）

有三只可分辨明暗的单眼。

触角

较短，不怎么使用。

翅膀

前翅后缘有向下的卷褶，后翅前缘有向上的卷褶，飞行时，前翅和后翅勾连在一起。

头部

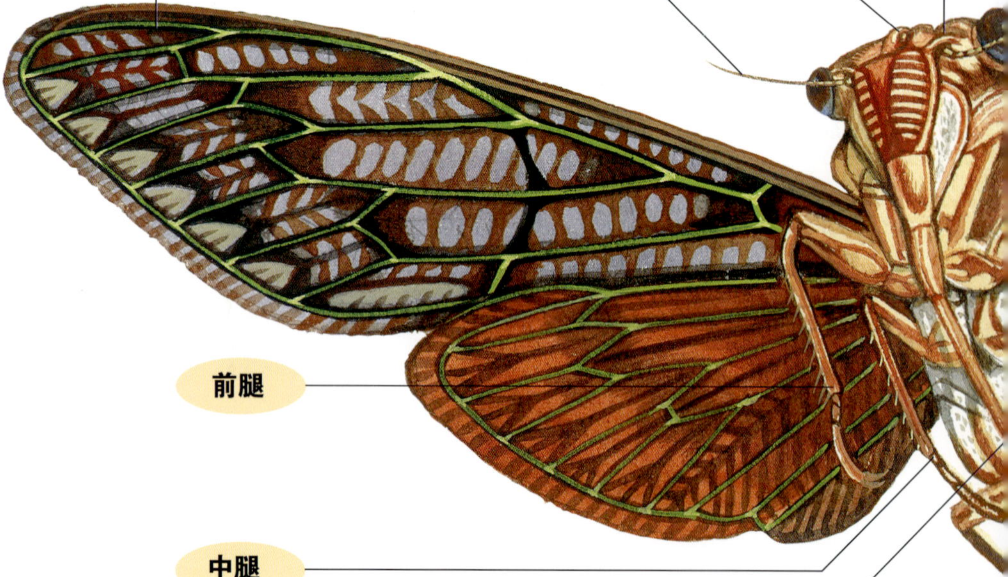

前腿

中腿

嘴

刺吸式口器，像一根针，可以刺入草木中吸食汁液。

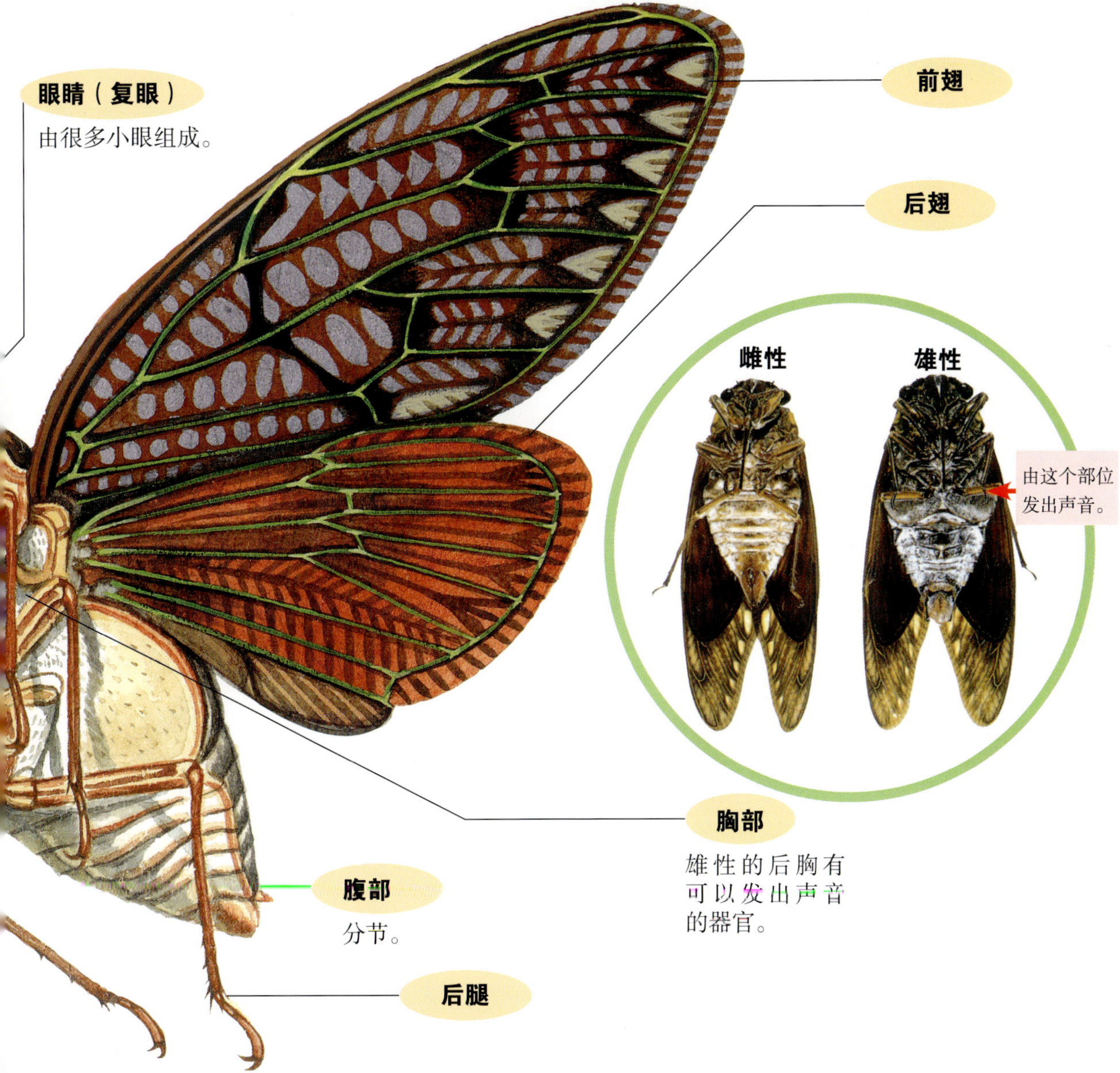

眼睛（复眼）
由很多小眼组成。
前翅
后翅
雌性
雄性
由这个部位
发出声音。
胸部
雄性的后胸有
可以发出声音
的器官。
腹部
分节。
后腿

各种各样的蝉

▲油蝉
● 夏季
◆ 公园・果园・庭院

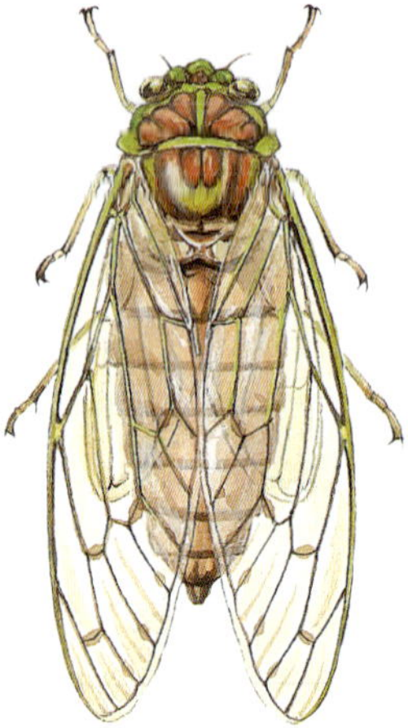

▲塘蝉
● 夏季
◆ 树林・公园

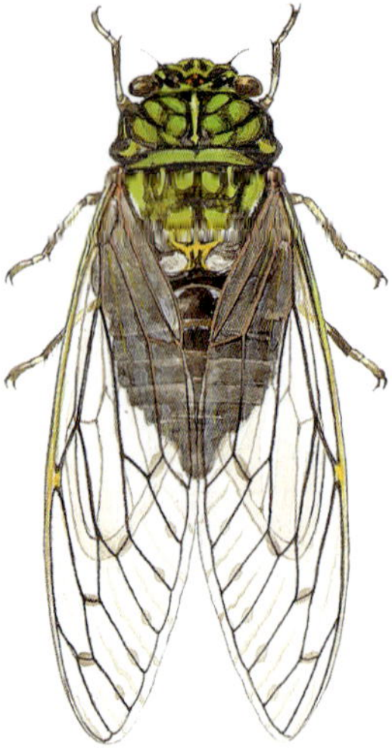

▲鸣鸣蝉
● 夏季
◆ 公园・树林・庭院

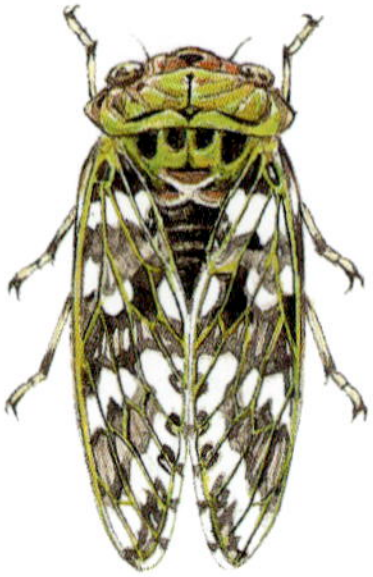

▲蟪蛄
● 夏季
◆ 公园・树林・庭院

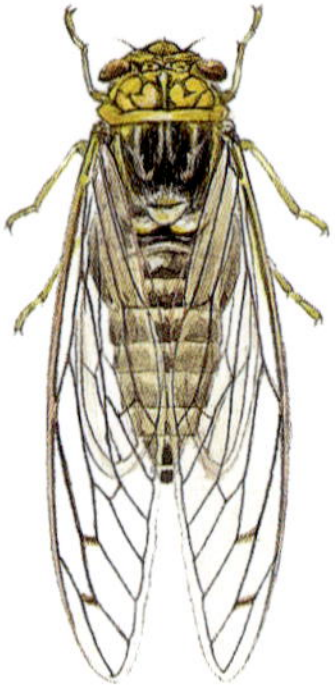

▲寒蝉
● 夏季~秋季
◆ 公园・树林・庭院

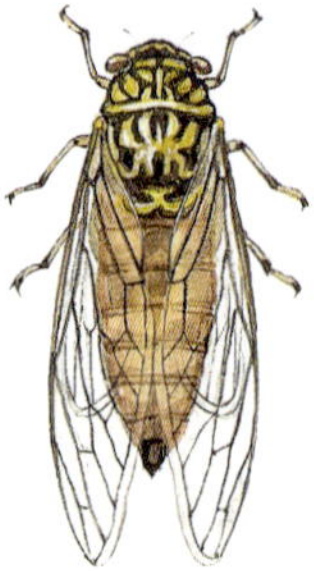

▲姬春蝉
● 初夏
◆ 树林

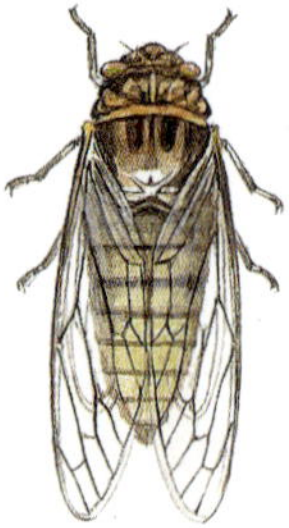

▲春蝉
● 春季~初夏
◆ 松林

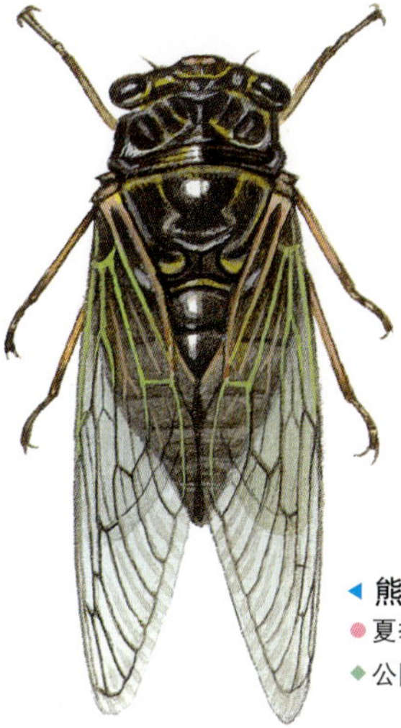

◀ 熊蝉
● 夏季
◆ 公园・树林・庭院

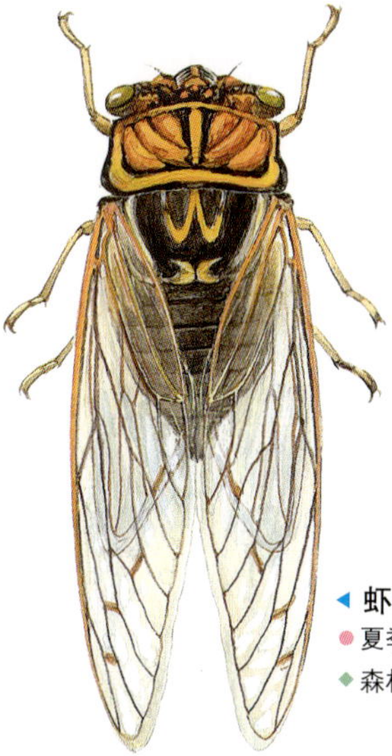

◀ 虾夷蝉
● 夏季
◆ 森林

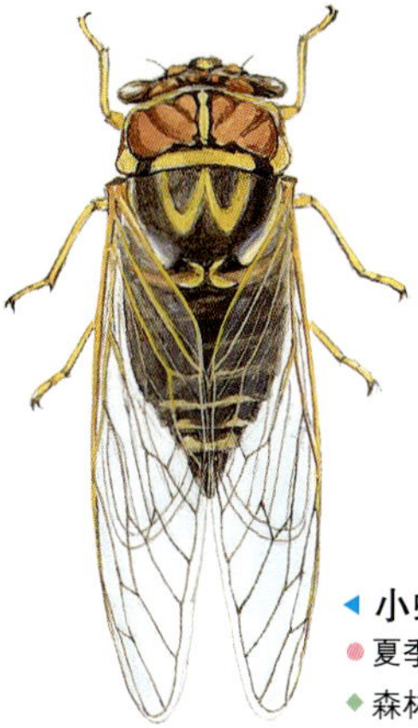

◀ 小虾夷蝉
● 夏季
◆ 森林

与蝉相似的昆虫以及各种各样的椿象

◀ 角蝉
● 夏季
◆ 山中草地

◀ 条纹广翅蜡蝉
● 夏季~秋季
◆ 公园・树林

◀ 碧蛾蜡蝉
● 夏季~秋季
◆ 庭院・公园・树林

▲ 白背飞虱
● 夏季
◆ 水田

◀ 大红叶蝉
● 一年四季
◆ 树林・庭院・公园

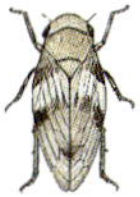

◀ 白带尖胸沫蝉
● 初夏
◆ 公园・庭院・树林

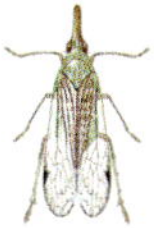

◀ 伯瑞象蜡蝉
● 夏季
◆ 草地・水田・田地

▲ 稻绿椿象
● 夏季~秋季
◆ 草地・水田・田地

▲ 黑条红椿象
● 夏季~秋季
◆ 草地・田地

▲ 金绿宽盾蝽
● 夏季
◆ 树林・森林・公园

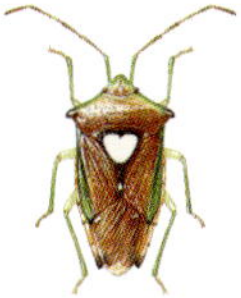

▲ 伊锥同蝽
● 初夏~秋季
◆ 树林・森林

▲ 宽肩直同蝽
● 春季~夏季
◆ 树林・森林

夏天，在山中和树林里与昆虫相会的方法

树汁会招来昆虫

树汁是从树的伤口处流出来的汁液，是昆虫们最喜欢的食物。蝴蝶、锹形虫、金龟子、蜂类等昆虫都会循着树汁的气味飞过来。所以，你们可以去分泌树汁的树木上找一找。

寻找有啃咬痕迹的树叶

有些树的树叶上有正在啃食叶子的昆虫或正在休息的昆虫。你们可以去找一找有洞的叶子或者边缘被啃过的叶子，仔细观察，可能就会发现昆虫哦。

寻找正在熟睡的昆虫

独角仙和锹形虫大多在夜里活动，白天则睡觉。你们可以去树根附近的落叶下面、倒在地上的树下面、堆起来的柴火下面找一找，没准就能找到正沉浸在甜蜜睡梦中的独角仙或者锹形虫，或许还会意外地发现其他昆虫呢。

起个大早去找昆虫吧！

要想找夜里活动白天睡觉的昆虫，你们就得一大早起床，黎明时分去树林里看看。最好是前一天在有昆虫聚集的树上做个标记，然后在树上涂上独角仙喜欢吃的果胶类食物，很可能就有收获哦。

一定要注意！

进入树林的时候，一定要让大人陪着你们。为了防止被虫子咬伤，最好穿上长袖上衣和裤子。被黄蜂蜇到会很危险，所以千万不能靠近它哦。

夏天，在河边与昆虫相会

夏天的河边或池塘边会有各种各样的蜻蜓飞来飞去，还有水黾在水面上自由地滑行。

如果弯下腰仔细观察，你们会看到水里也有很多昆虫。

碧伟蜓的生活

正在保护自己地盘的雄碧伟蜓。

到了夏天，我们就能看到在池塘或沼泽边飞来飞去的碧伟蜓。它一边飞，一边捕食马蝇、蚊子、苍蝇等小型昆虫。它的视觉很灵敏，能够看清远处的虫子。它有两对长而窄的膜质翅膀，能够快速飞行。

交配时雄蜻蜓和雌蜻蜓的身体会连在一起，然后雌蜻蜓会找一个有水草的地方，在水中的植物上产下卵。

蜻蜓的幼虫叫做水虿，生活在水中。

◀ 水蚕在水中成长。捕食蝌蚪、小鱼等食物的时候，水蚕会迅速向前伸出下颚。它靠腹部末端的鳃在水中呼吸。

▶ 水蚕从卵中孵化出来的第二年，会在长出水面的草茎上脱掉外壳，成为真正的蜻蜓。

*水蚕靠尾巴上的鳃呼吸水中的空气。它在水中边蜕皮边成长，第二年完成羽化，成为真正的蜻蜓。

源氏萤火虫的生活

在叶子上等待雄源氏萤火虫的雌源氏萤火虫。雌雄萤火虫的发光方法不同，它们靠发出的光来分辨对方。

梅雨季节即将结束时，一到夜晚，就能在小河边看到发出美丽亮光的源氏萤火虫。

会飞的都是雄萤火虫。雌萤火虫会在河边的草叶上发出亮光，等待雄萤火虫的到来。

在和雄萤火虫交配之后，雌萤火虫会在岸边产下很多卵。

源氏萤火虫的成虫一般只有一周左右的寿命。

◀ 源氏萤火虫的幼虫在水里生活。从夏天到第二年春天，它主要靠吃一些螺类为生。幼虫的尾部也会发光。

▶ 在土里的蛹。它的尾部也会发光。它在土里蜕掉外皮，变成成虫爬出地面。萤火虫的成虫只喝水，不吃其他的食物。

*源氏萤火虫的幼虫在梅雨时节初期爬上河岸，在潮湿的泥土里造房子，然后钻进去化成蛹，最后完成羽化。

在水中生活的昆虫

日本大龙虱用长着细毛的后腿熟练地在水中游走。

很多昆虫生活在水面上或者水中，其中有些长着翅膀，能够飞行，比如水黾、日本大龙虱、田鳖等。

日本大龙虱、长须水龟甲和豉虫都属于甲虫类。

田鳖、红娘华、水螳螂、水黾和仰泳蝽都属于蝽类。

这些昆虫在岸边或水中产卵，幼虫也在水面上或水中生活。

◀ 水螳螂用镰刀般的前腿捕捉小鱼、蝌蚪等猎物，用针一样尖锐的嘴吸食猎物体内的汁液。它的尾巴上有一根长长的管子，可以伸出水面呼吸空气。

▼ 水黾用长着细毛的长腿在水面上自由自在地滑行或迅速移动。它会捕食落在水面上的虫子，用管状的嘴吸食猎物体内的汁液。

*像日本大龙虱这种甲虫类昆虫和田鳖这种蝽类昆虫，因为没有鳃，所以需要露出水面去呼吸空气。

放大图 无霸勾蜓的身体

眼睛（复眼）

由很多小眼组成。视觉非常敏锐。

再放大

再放大

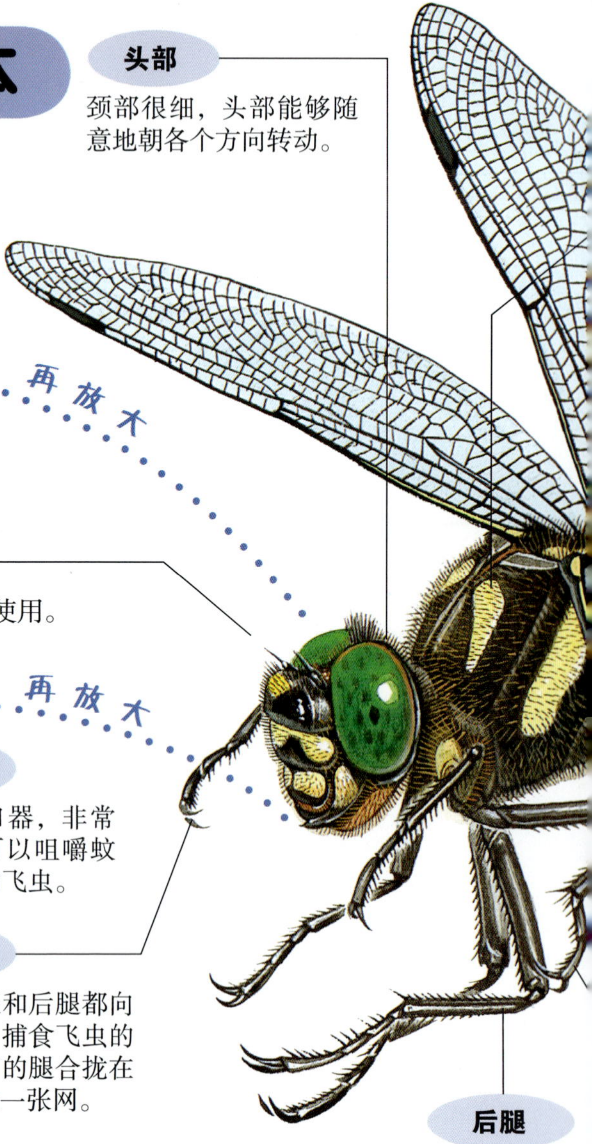

头部

颈部很细，头部能够随意地朝各个方向转动。

触角

很短，不怎么使用。

嘴

咀嚼式口器，非常锋利，可以咀嚼蚊子之类的飞虫。

前腿

前腿、中腿和后腿都向前方靠拢，捕食飞虫的时候，所有的腿合拢在一起，就像一张网。

后腿

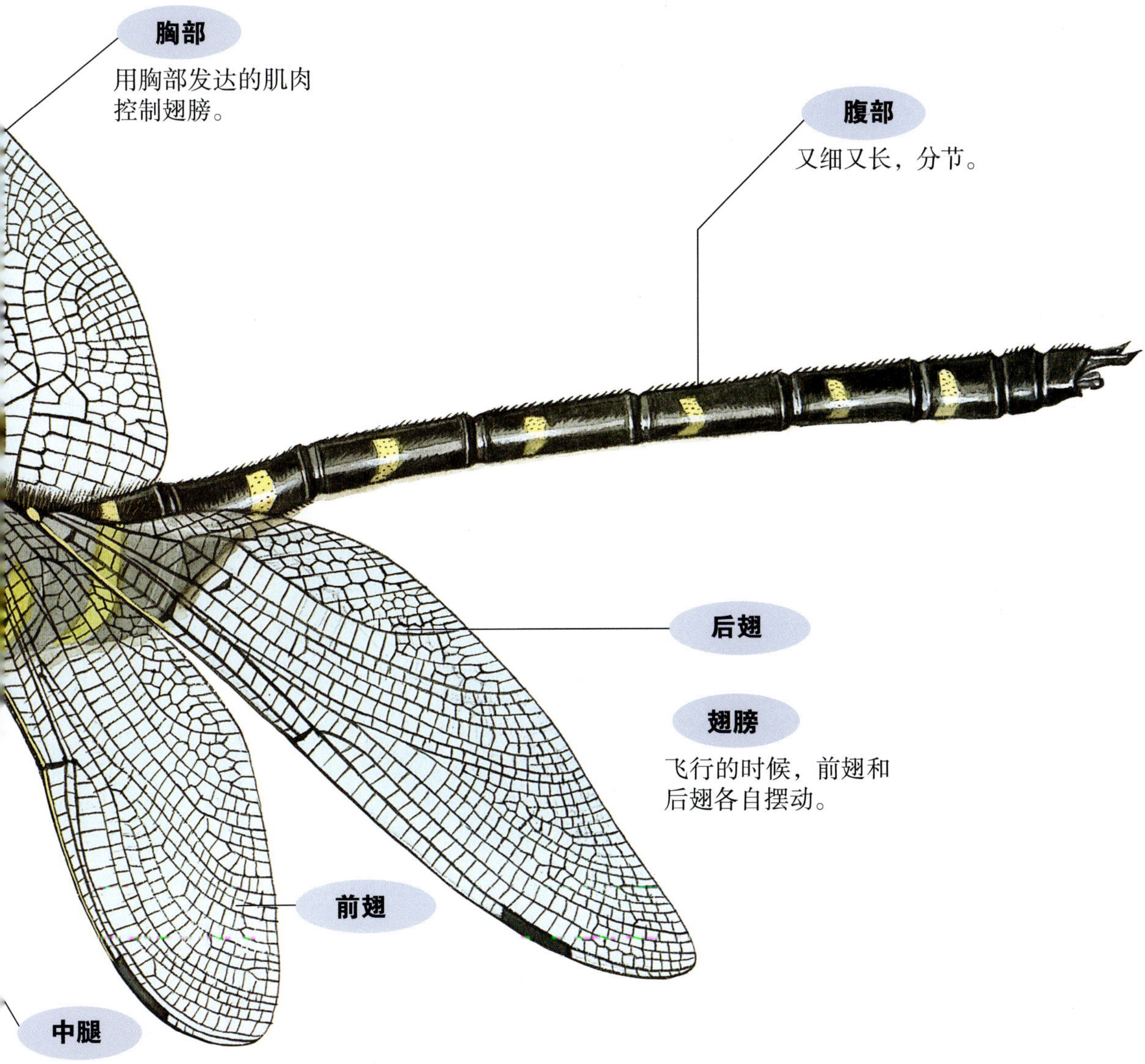
胸部
用胸部发达的肌肉控制翅膀。
腹部
又细又长，分节。
后翅
翅膀
飞行的时候，前翅和后翅各自摆动。
前翅
中腿

各种各样的蜻蜓

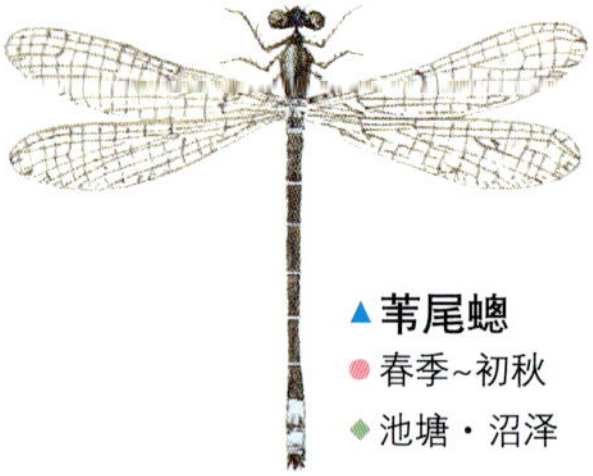

▲**苇尾蟌**
● 春季~初秋
◆ 池塘・沼泽

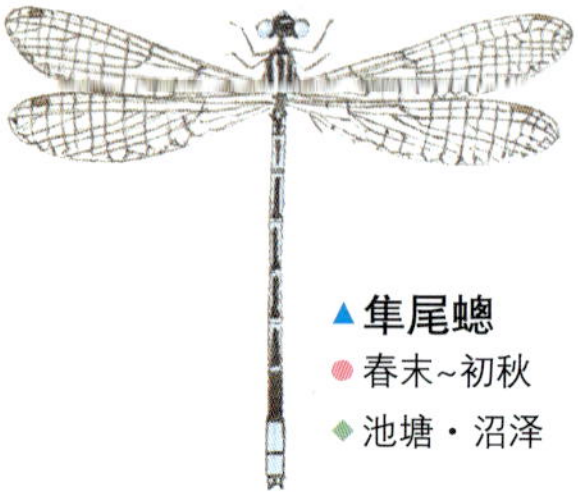

▲**隼尾蟌**
● 春末~初秋
◆ 池塘・沼泽

▲**月斑细蟌**
● 春季~秋季
◆ 水田・湿地

▲**短尾黄蟌**
● 初夏~秋季
◆ 池塘・沼泽・湿地

▲**日本黄条色蟌**
● 夏季
◆ 溪流・小河

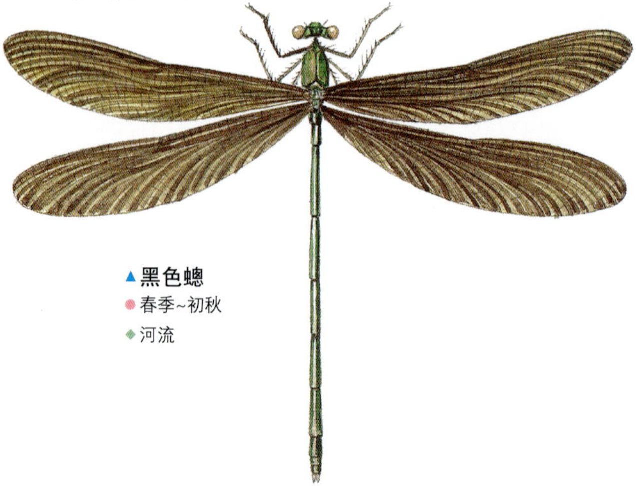

▲**黑色蟌**
● 春季~初秋
◆ 河流

▲烟翅绿色蟌
● 春季~初夏
◆ 溪流

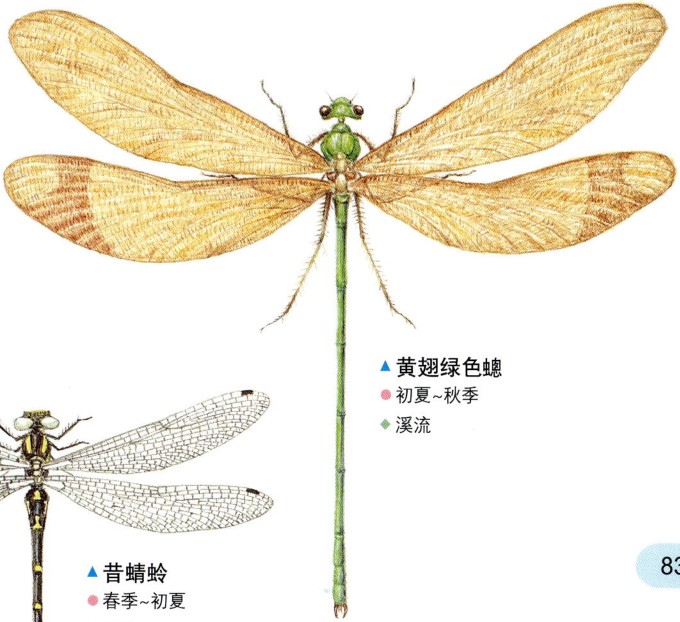

▲黄翅绿色蟌
● 初夏~秋季
◆ 溪流

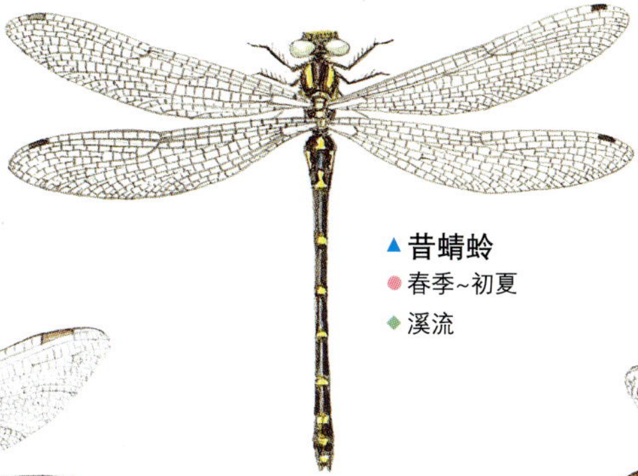

▲昔蜻蛉
● 春季~初夏
◆ 溪流

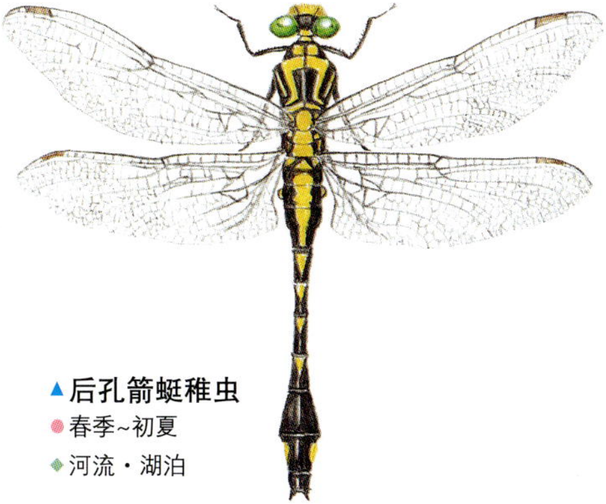

▲后孔箭蜓稚虫
● 春季~初夏
◆ 河流・湖泊

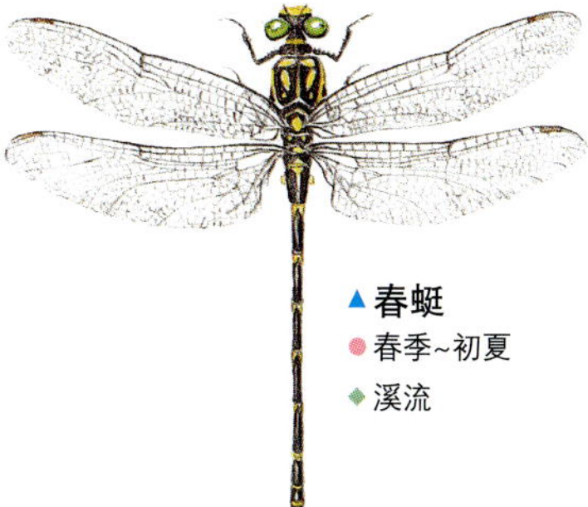

▲春蜓
● 春季~初夏
◆ 溪流

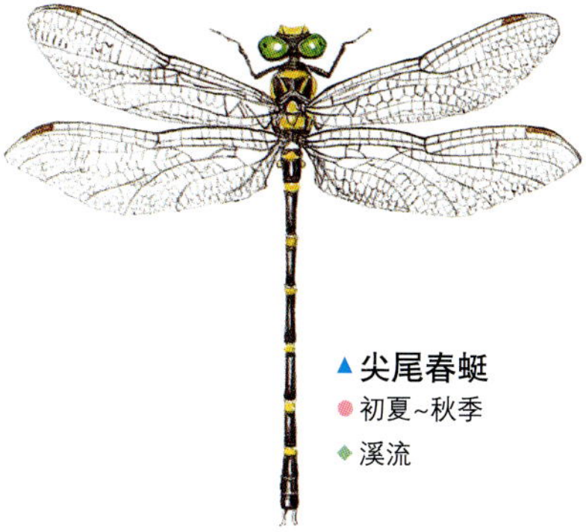

▲尖尾春蜓
● 初夏~秋季
◆ 溪流

▲ **双尖弓蜻**

● 春末~初秋

◆ 溪流 · 池塘 · 河流

▲ **艾氏施春蜓**

● 初夏~秋季

◆ 溪流

▲ **细钩春蜓**

● 初夏~秋季

◆ 池塘 · 沼泽 · 湖泊

▲ **无霸勾蜓**

● 初夏~秋季

◆ 溪流・小河

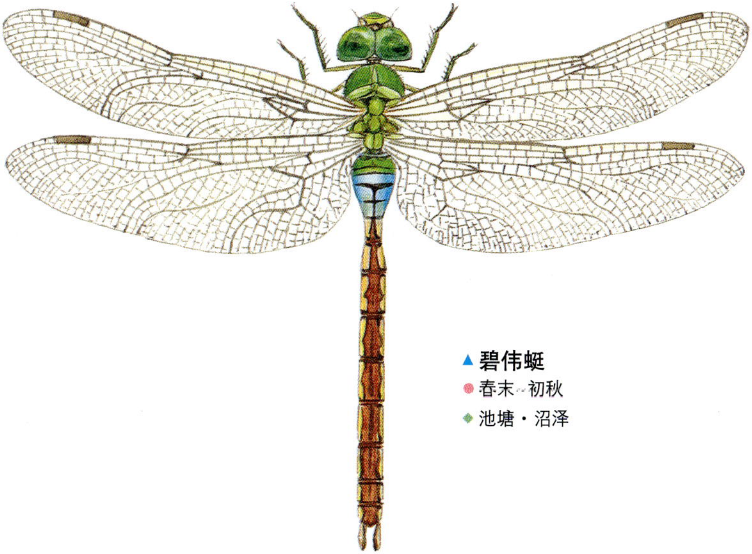

▲ **碧伟蜓**

● 春末~初秋

◆ 池塘・沼泽

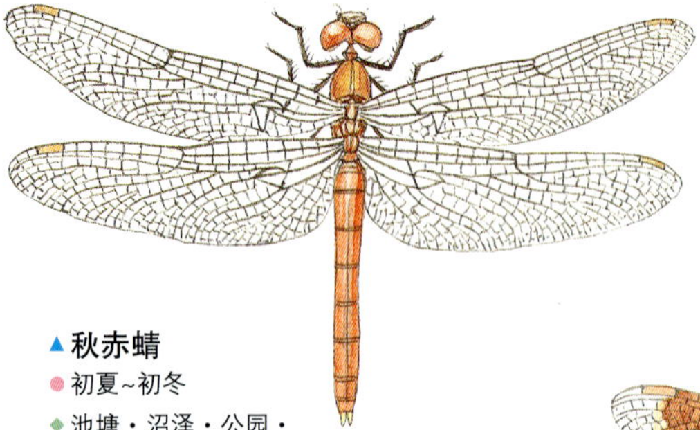

▲**秋赤蜻**

● 初夏~初冬

◆ 池塘・沼泽・公园・庭院・草地

▲**夏赤蜻**

● 初夏~秋季

◆ 池塘・沼泽・水田

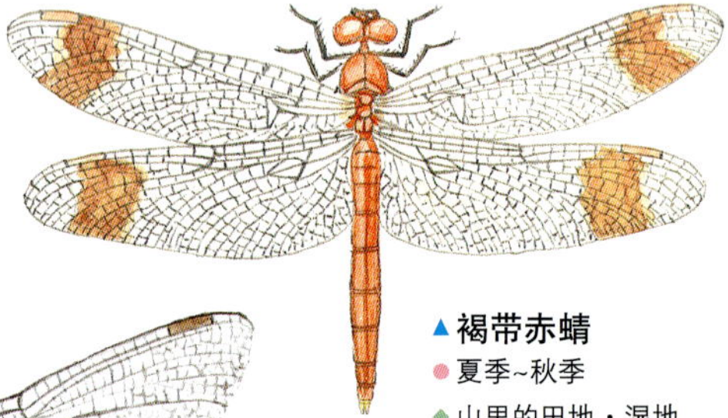

▲**褐带赤蜻**

● 夏季~秋季

◆ 山里的田地・湿地

▲**日本长尾蜓**

● 夏季~秋季

◆ 池塘・沼泽・湿地・水田

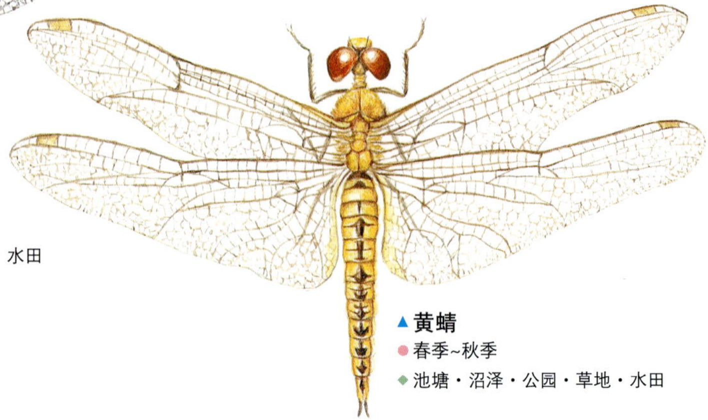

▲**黄蜻**

● 春季~秋季

◆ 池塘・沼泽・公园・草地・水田

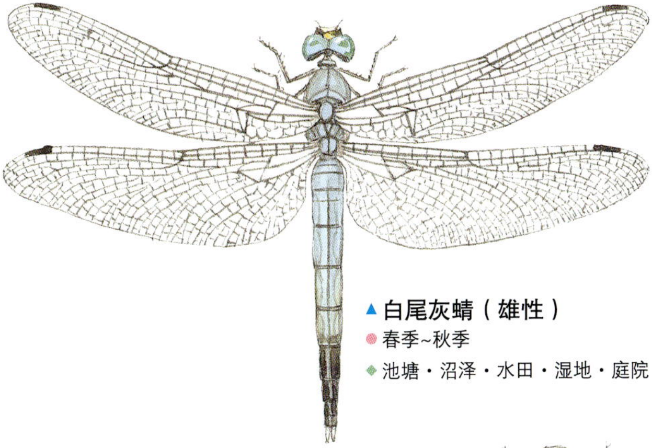

▲白尾灰蜻（雄性）

● 春季~秋季

◆ 池塘・沼泽・水田・湿地・庭院・公园

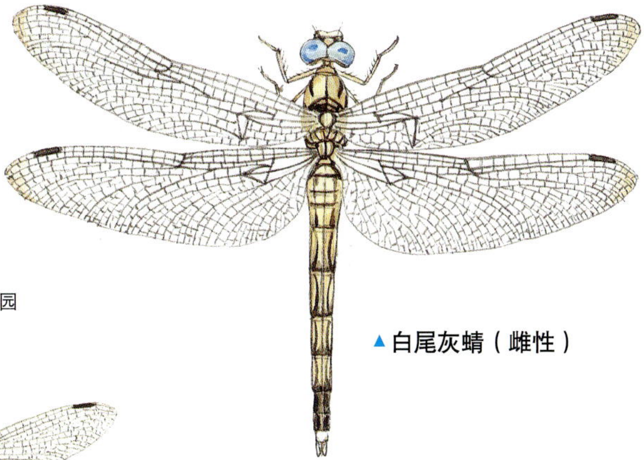

▲白尾灰蜻（雌性）

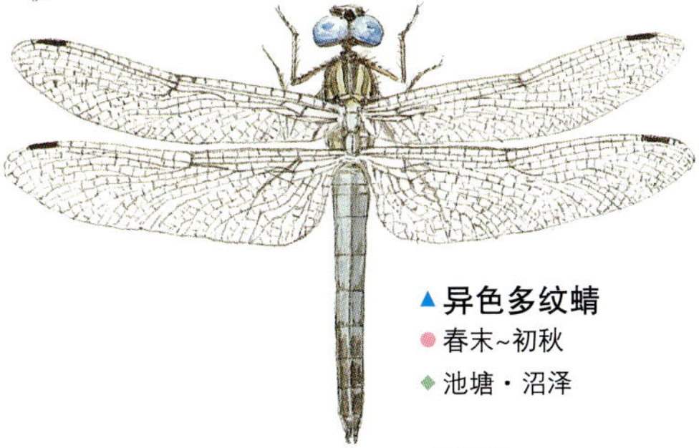

▲异色多纹蜻

● 春末~初秋

◆ 池塘・沼泽

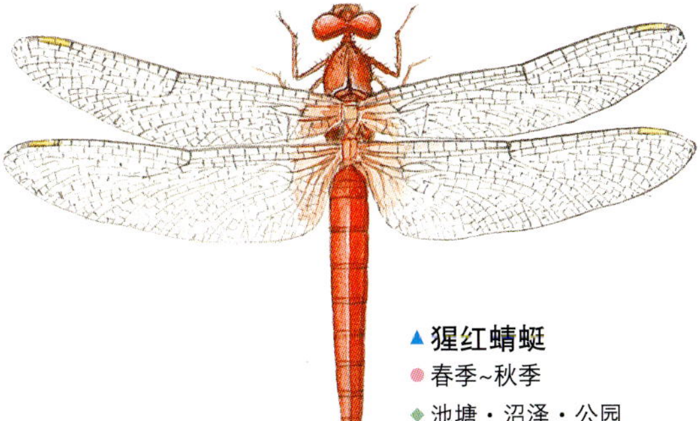

▲猩红蜻蜓

● 春季~秋季

◆ 池塘・沼泽・公园

▲黑异色灰蜻

● 初夏~秋季

◆ 池塘・沼泽・水田・公园

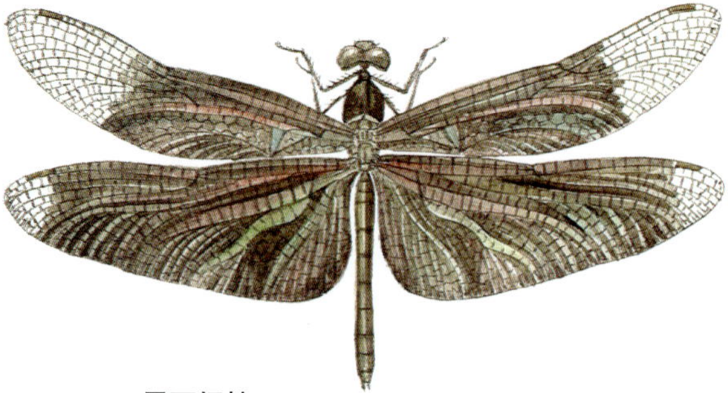

▲黑丽翅蜻
● 初夏~初秋
◆ 池塘・沼泽

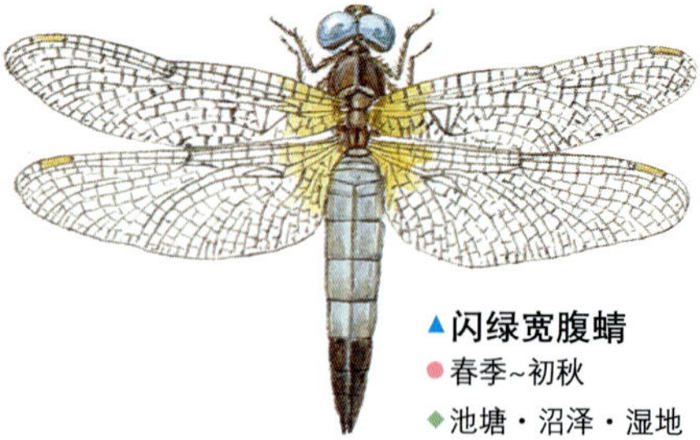

▲闪绿宽腹蜻
● 春季~初秋
◆ 池塘・沼泽・湿地

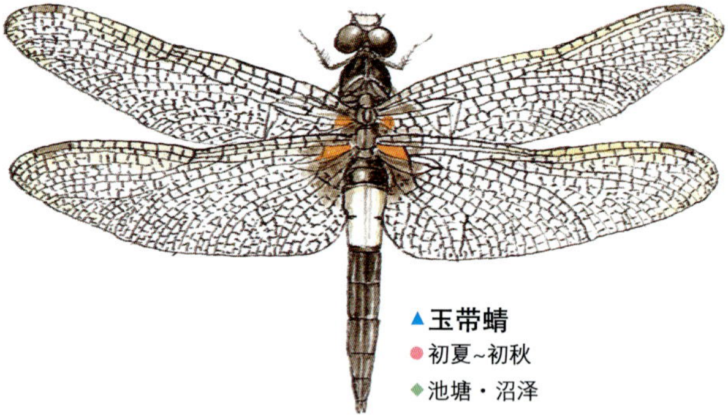

▲玉带蜻
● 初夏~初秋
◆ 池塘・沼泽

与蜻蜓相似的昆虫

▲黄脊蝶角蛉
● 初夏~秋季
◆ 树林

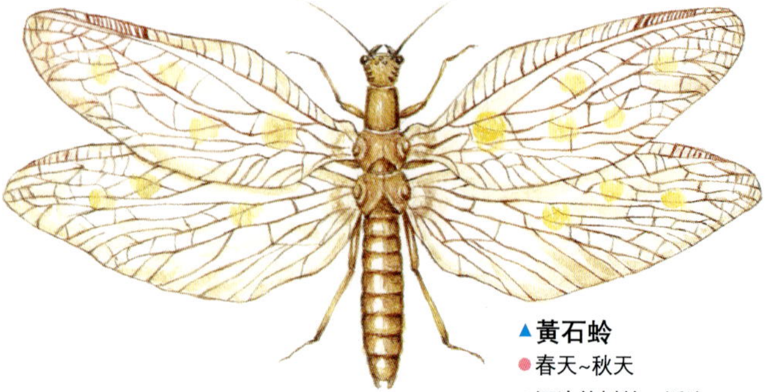

▲黄石蛉
● 春天~秋天
◆ 河边的树林・溪流

▲ **黄足蚁蛉**
● 夏季~秋季
◆ 公园・庭院・树林周围

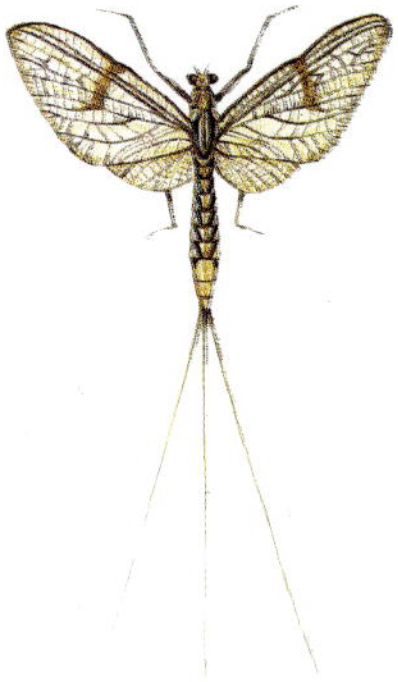

▲ **蜉蝣**
● 春末~初夏
◆ 溪流・河流

▲ **等蜉**
● 春季~秋季
◆ 溪流・河流

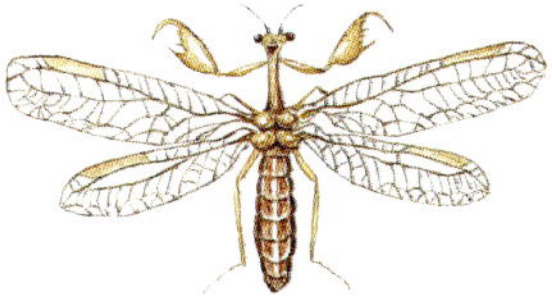

▲ **螳蛉**
● 夏季
◆ 树林

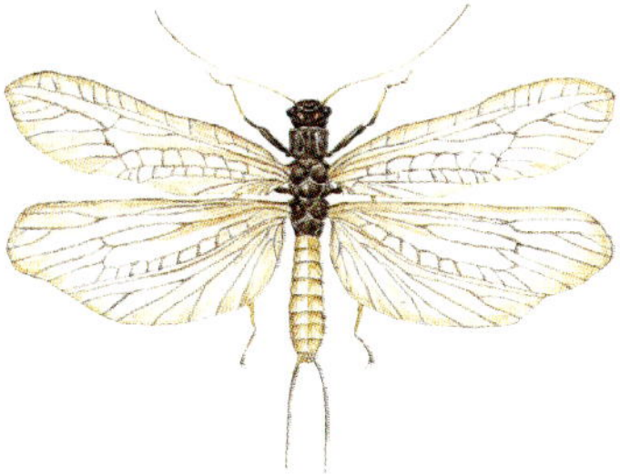

▲ **石蝇**
● 春末~初夏
◆ 溪流・河流

▲ **草蜻蛉**
● 初夏~秋季
◆ 草原・庭院・公园

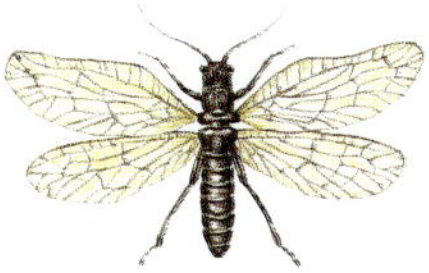

▲ **黑蛉**
● 春季~初夏
◆ 溪流

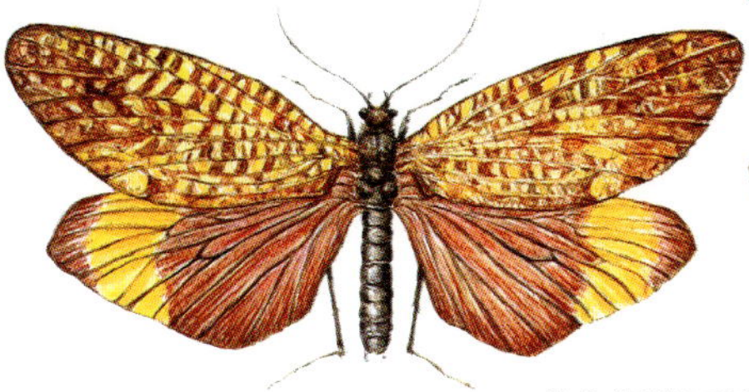

▲ **艳色褐纹石蛾**
● 夏季~秋季
◆ 溪流・河流

▲ **齿角石蛾**
● 春季~夏季
◆ 溪流

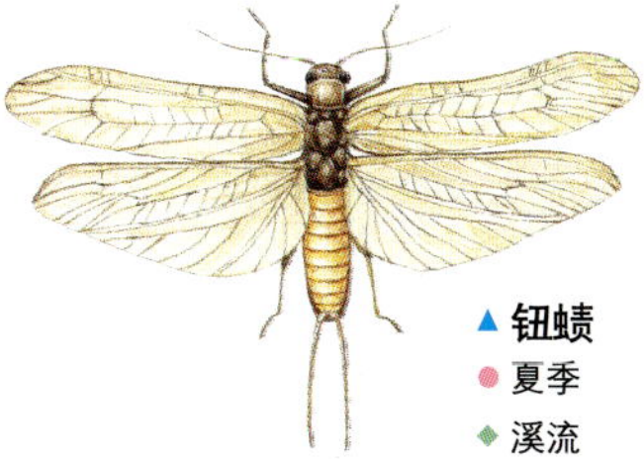

▲ **钮蜻**
● 夏季
◆ 溪流

源氏萤火虫的身体

头部

颈部很细，头部可以朝各个方向转动。

前胸

前翅

后翅折起来放在前翅下面。飞行时，前翅张开不动。

腹部

分节，腹部末端发光。雄性和雌性的发光部位有点儿不一样。

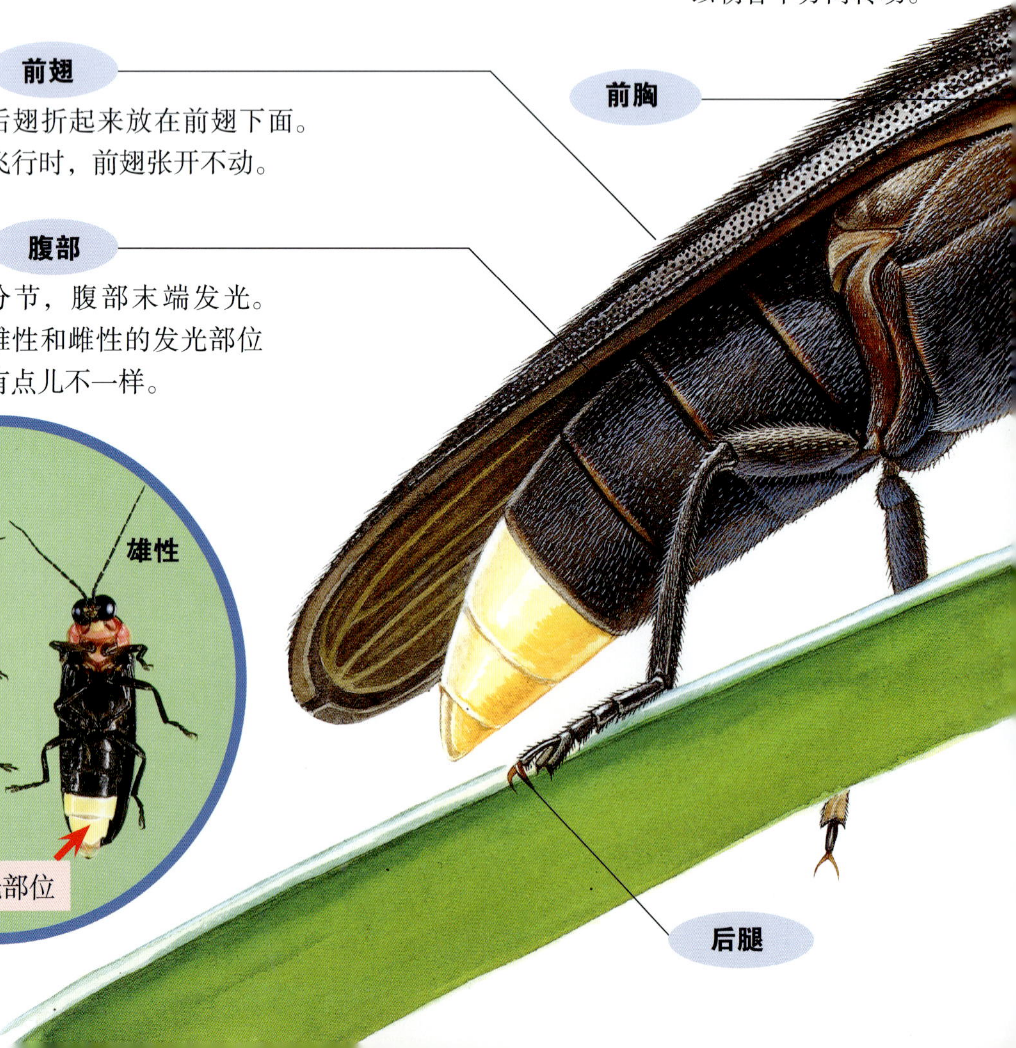

后腿

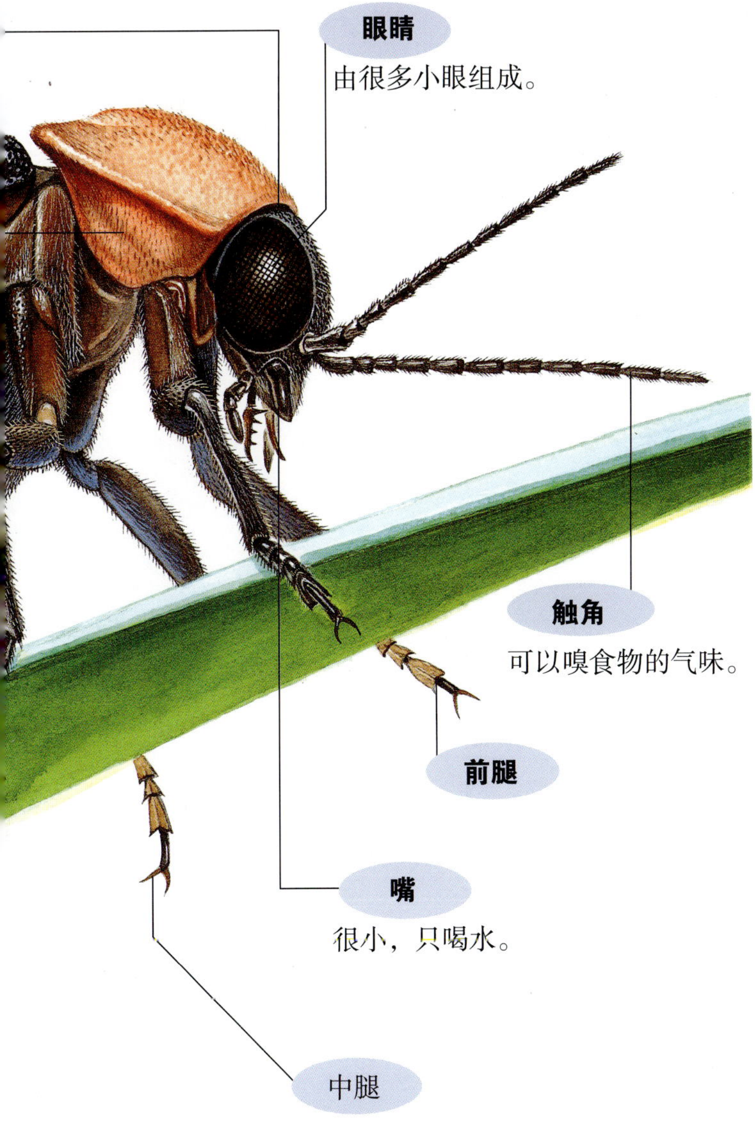

各种各样的萤火虫

◀ 源氏萤火虫（雄性）
● 初夏
◆ 小河边

◀ 平家萤（雄性）
● 初夏
◆ 池塘・水田

◀ 姬萤
● 初夏
◆ 树林

◀ 突胸窗萤
● 初夏
◆ 树林周围

◀ 北方锯角萤
● 夏季
◆ 树林周围

各种各样的龙虱

▲黄缘龙虱
● 春季~秋季
◆ 池塘・沼泽・水田

▲点刻三线大龙虱
● 一年四季
◆ 池塘・沼泽・水田

▲大豉甲
● 春季~秋季
◆ 池塘・沼泽・小河

▲尖突巨牙甲
● 春季~秋季
◆ 池塘・沼泽・水田

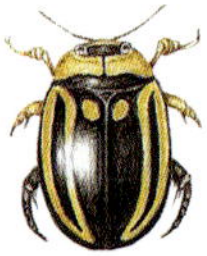

▲黄条斑龙虱
● 春季~秋季
◆ 水田・小河

▲宽缝斑龙虱
● 初春~秋季
◆ 池塘・沼泽・水田

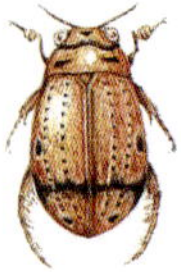

▲灰龙虱
● 一年四季
◆ 池塘・水田

在水中生活的蝽类

▲水黾
● 春季~秋季
◆ 池塘・沼泽・河流

▲水黾蝽
● 初春~秋季
◆ 水田・池塘・沼泽・河滩

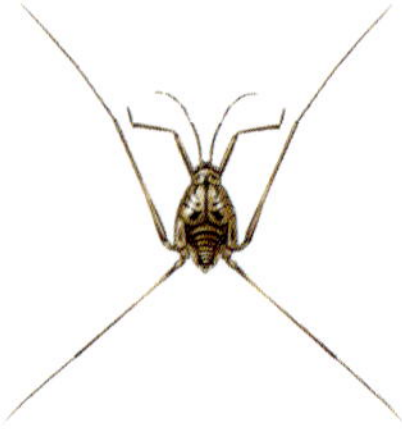

▲阔黾蝽
● 春季~秋季
◆ 山里有泉水冒出的地方

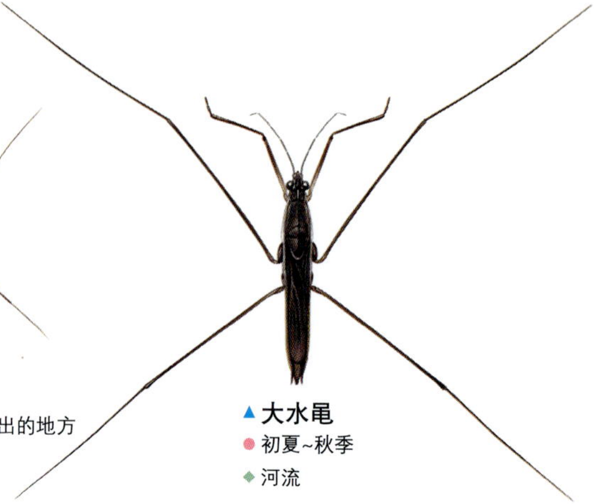

▲大水黾
● 初夏~秋季
◆ 河流

▲仰泳蝽★

● 春季~秋季

◆ 池塘・沼泽

▲横纹划蝽

● 夏季~秋季

◆ 池塘・沼泽・水田

▲日本负子蝽

● 春季~秋季

◆ 池塘・沼泽・水田

★仰泳蝽有时候会叮人，小朋友们千万不要直接用手触摸它。

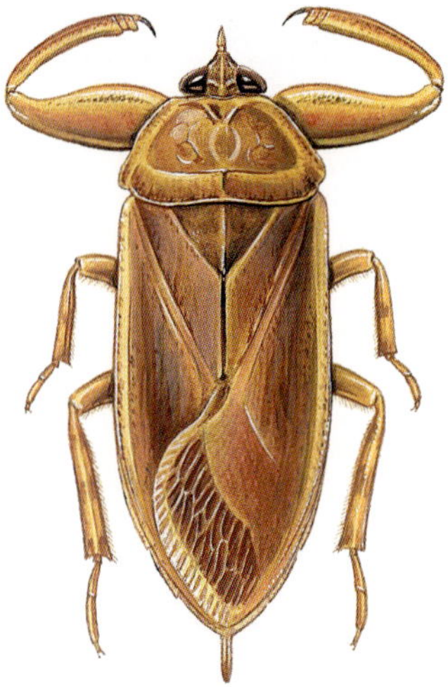

▲田鳖

● 春季~秋季

◆ 池塘・沼泽・水田

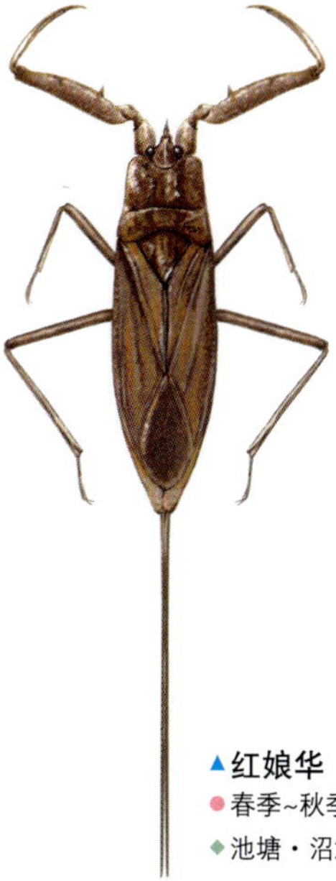

▲红娘华

● 春季~秋季

◆ 池塘・沼泽・水田

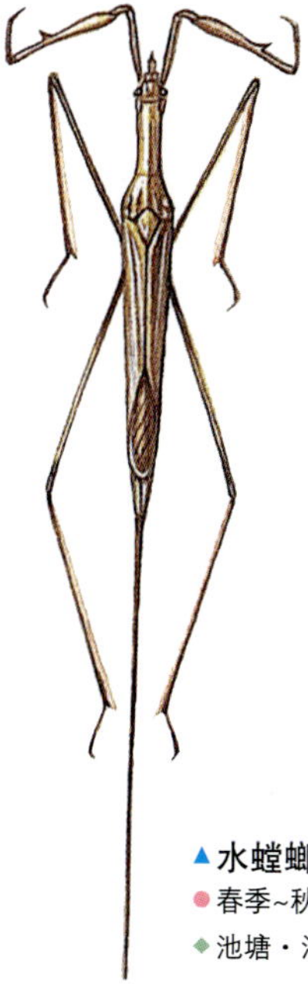

▲水螳螂

● 春季~秋季

◆ 池塘・沼泽・水田

▲单色螳蝽

● 初夏~秋季

◆ 池塘・沼泽・小河

夏天，在河边与昆虫相会的方法

●在河边的草丛中寻找昆虫

蜻蜓、石蝇、蜉蝣等昆虫经常停在河边的草叶上休息。你们要悄悄地靠近，才有可能不惊动它们。

如果它们受到惊吓飞走了，你们就看清楚它们停在哪儿，再悄悄地跟过去观察。

●在河边的岩石上找找看

经常会有蜻蜓停在河边的岩石和河中冒出水面的石头上，有时候你们还能在石头上找到水蚕蜕的皮、石蝇和蜉蝣蜕下的外壳等。

●看看水里

有很多昆虫在水里生活。你们可以戴上泳镜，将头探进水里，看一看水下的情景，试着找一找水里的叶子，或者翻一翻水底的石头。你们也可以将透明的水槽底部贴在水面上，然后将头伸进水槽里，从水槽底部观察水中。

●用捕虫网捞一捞

在池塘、小河、沼泽这些地方，很难观察到水里有哪些昆虫。你们可以用捕虫网在岸边的水草丛中捞一捞，没准能把黄缘龙虱、尖突巨牙甲、红娘华捞上来呢。观察完毕后，记得要把昆虫们放归原处哦！

●小心！

下水时一定要穿鞋，以免滑倒。

不要靠近水很深或者水流很急的地方，在岸边观察即可。

从夏天到秋天，在野

地里与昆虫相会

夏天，野地里有很多蝗虫在大口大口地啃食叶子。螳螂就躲在附近，等待时机捕捉蝗虫。到了秋天，在野地里便能听到各种昆虫的鸣叫声，可真是热闹非凡。

东亚飞蝗的生活

正在交配的东亚飞蝗。上面是雄飞蝗。

夏天，野地里到处可见正在啃食叶子的东亚飞蝗。

夏天即将结束的时候，有时能够看到一些东亚飞蝗的背上背着一个同伴。这是雄飞蝗和雌飞蝗正在交配呢。雌飞蝗在下面，它背上背的是雄飞蝗。

雌飞蝗的腹部末端有短而坚硬的产卵管。交配之后，雌飞蝗会把腹部插入土中产卵。这些卵被白色的泡沫包裹着，在土壤里过冬，到第二年春天才会孵化成幼虫。

◀ 正在产卵的雌飞蝗。它把卵产在白色的泡沫状物质里，这些泡沫状物质就像海绵似的，干了以后能保护卵不受寒冬冷风的侵袭。

▶ 东亚飞蝗的幼虫。它看上去跟父母长得很像，只是翅膀很短。它靠吃叶子成长，随着每次蜕皮逐渐长大。

*东亚飞蝗的卵在春天孵化，到了夏天幼虫不断蜕皮，逐渐长大。幼虫的样子跟成虫很像，但是翅膀还没有发育成形，所以不能飞行。

大螳螂的生活

正在等待猎物的大螳螂。它身体的颜色非常接近草的颜色，所以它一动不动的时候，很难被其他昆虫发现。

大螳螂在初夏完全发育成熟。它会在草木的根、茎或叶子上等待机会，用镰刀般的前腿捕食其他昆虫。

夏天即将结束时，雌大螳螂爬到高高的草茎上，先排出泡沫状物质，然后在上面顺次产卵，泡沫状物质很快凝固，形成坚硬的卵鞘。

被泡沫状物质包裹得严严实实的卵能够安全过冬。到了春天，大螳螂的幼虫就会从卵鞘里爬出来。

◀ 正在产卵的雌大螳螂。它排出的泡沫状物质干了以后呈海绵状。为了避免冬天卵被埋在雪里，雌大螳螂会找一个较高的地方产卵。产完卵后不久，雌大螳螂就会死去。

▶ 到了春天，大螳螂的卵孵化，幼虫从卵鞘里爬出来。幼虫长得跟成虫很像，但是翅膀很短。

*大螳螂的卵孵化后会立刻蜕皮，成为幼虫。

放大图

东亚飞蝗的身体

听觉器官

位于后腿根部。

眼睛

由很多小眼组成，视觉非常灵敏。

头部

触角

可以嗅气味。

嘴

咀嚼式口器，能咬断叶子和其他 昆虫的身体。

前腿

胸部

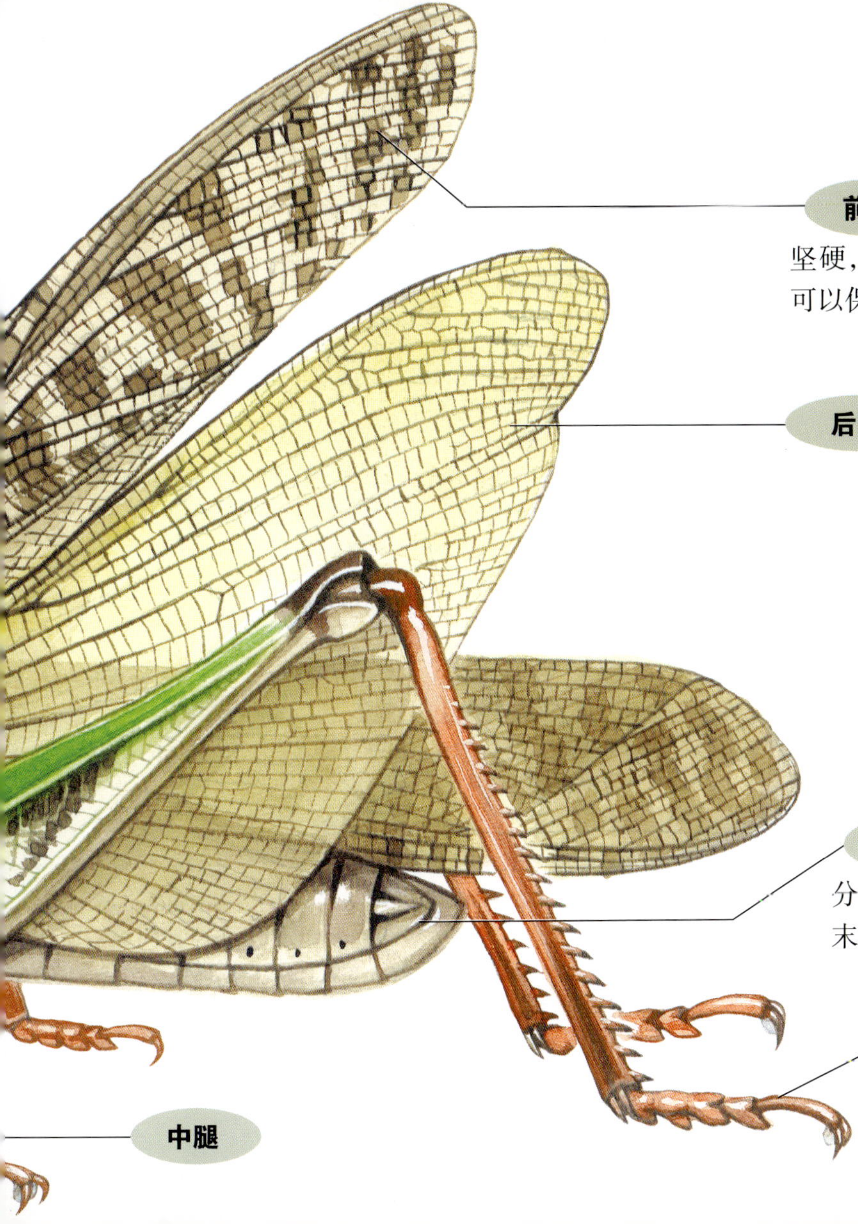

前翅
坚硬，有颜色。停下来休息时可以保护下面的膜质后翅。
后翅
腹部
分节，雌性和雄性的腹部末端形状不同。
后腿
大腿很粗，有力，可以跳跃1米以上的距离。
中腿

● 各种各样的蝗虫

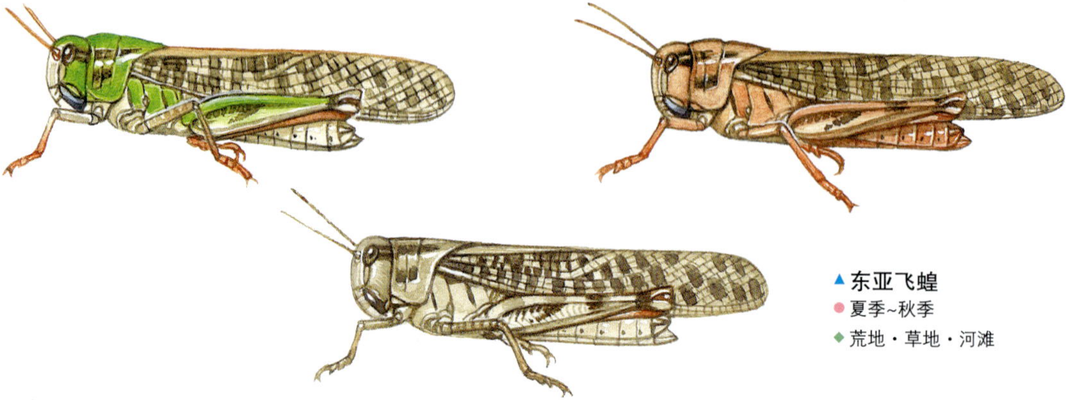

▲东亚飞蝗
● 夏季~秋季
◆ 荒地・草地・河滩

▲云斑车蝗
● 夏季~秋季
◆ 荒地・草地・河滩

▲河原飞蝗
● 夏季~秋季
◆ 河滩

▲疣蝗
● 夏季~秋季
◆ 田地・荒地・草地

▲日本羊角蚱
● 夏季~秋季
◆ 水田周围

▲日本菱蝗
● 春季~秋季
◆ 田地・庭院・公园

▲日本鸣蝗
● 夏季
◆ 山里的草地

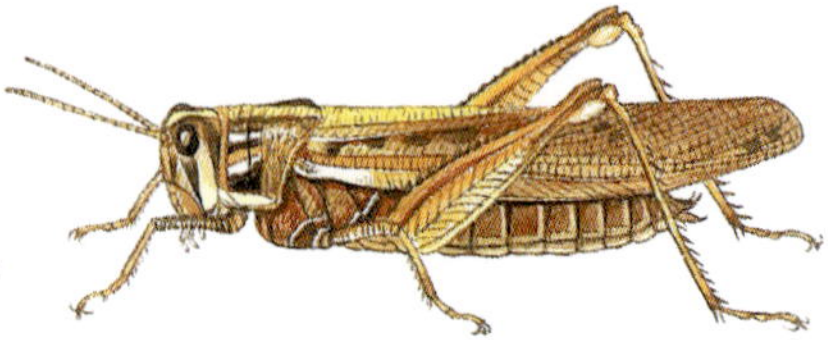

▲日本黄脊蝗
● 春季・秋季
◆ 草地・田地

▲长额负蝗
● 夏季~秋末
◆ 田地・草地・庭院・公园

▲二色戛蝗
● 夏季~秋季
◆ 草地

▲中华蚱蜢
● 夏季~秋季
◆ 草地・河滩

▲蚤蝼
● 夏季~秋季
◆ 田地・路边・庭院

▲黑尾沼泽蝗
● 夏季
◆ 水田・池塘周围

▲小翅稻蝗
● 夏末~秋季
◆ 水田・河滩的草地

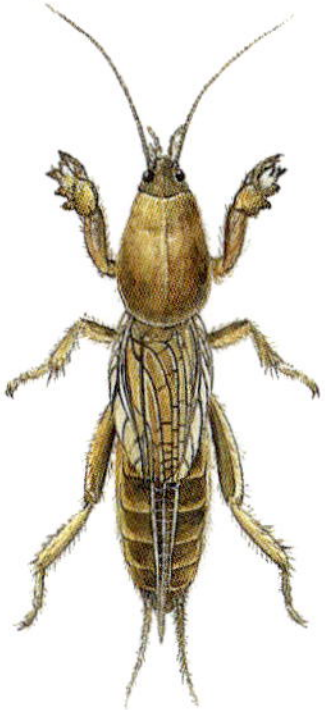

▲非洲蝼蛄
● 春季~秋季
◆ 田地・水田

放大图 北京油葫芦的身体

后翅

后翅发达，像一根长尾巴。

细毛

可以感觉到地面传来的细微的声音。

后腿

中腿

腹部

分节。雌性的腹部末端有产卵器。

前腿

听觉器官位于小腿外侧。

前翅

这里有发声器官。左右翅膀上的凹凸部分相互摩擦，便可发出声音。

头部

眼睛

由很多小眼组成，但是视力不太好。

触角

很长，可以自由转动，具有触摸和分辨物体、嗅气味等功能。

嘴

咀嚼式口器，用嘴边胡须品尝食物的味道。

各种各样的蟋蟀

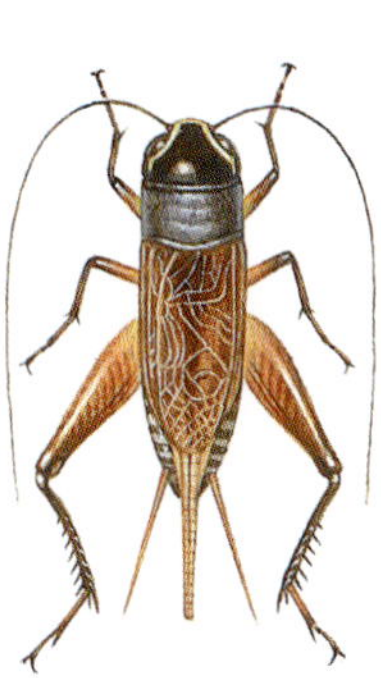

▲北京油葫芦（雄性）

● 夏末~秋季

◆ 田地・草地・公园

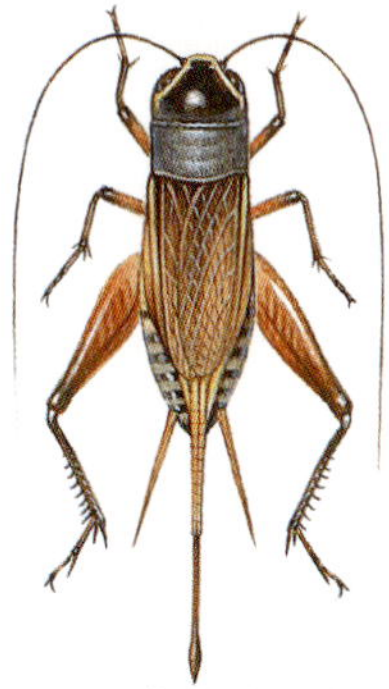

▲北京油葫芦（雌性）

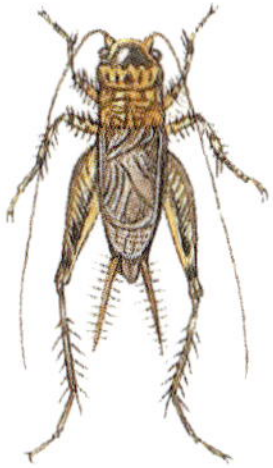

◀ 蛮棺头蟋

● 夏末~秋季

◆ 草地・庭院・田地・公园

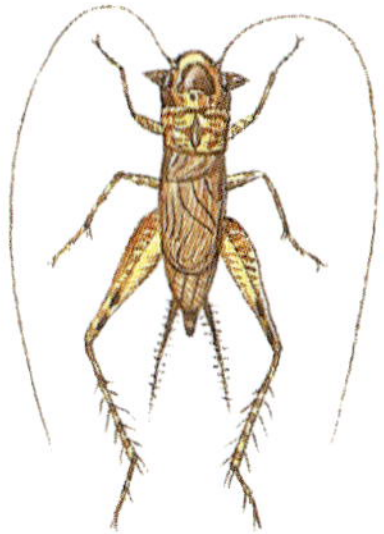

▲多伊棺头蟋

● 夏末~秋季

◆ 草地・田地

◀ 长颚斗蟋

● 夏末~秋季

◆ 草地・庭院・田地・公园

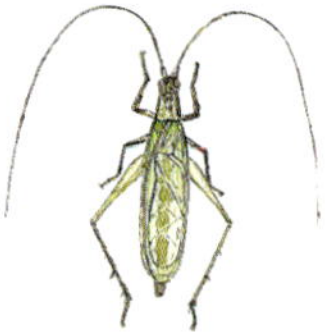

▲ 长瓣树蟋
● 夏末~秋季
◆ 山里的草地

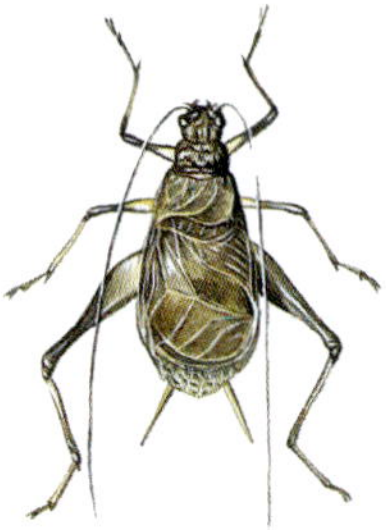

▲ 日本钟蟋（雄性）
● 夏末~秋季
◆ 树林边缘・草地

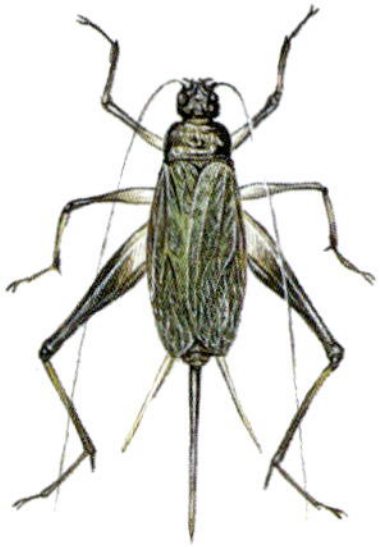

▲ 日本钟蟋（雌性）

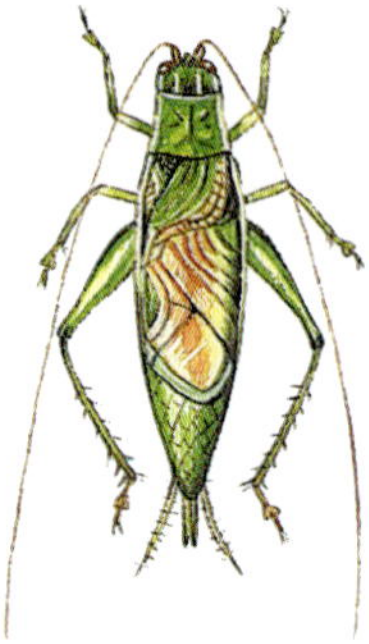

▲ 梨蟋
● 夏末~秋季
◆ 公园・庭院

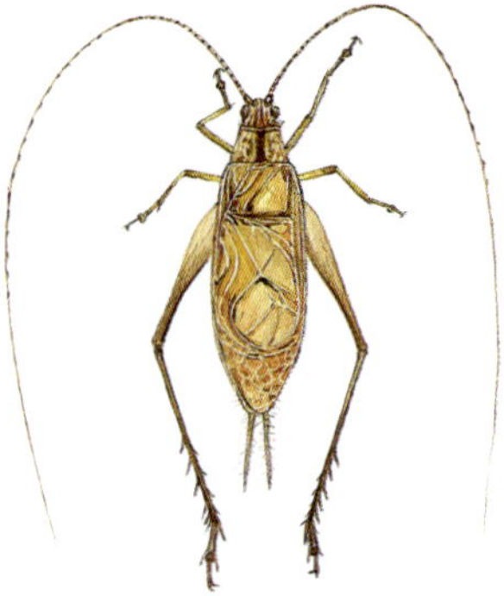

▲ 云斑金蟋
● 夏末~秋季
◆ 树林周围・河滩

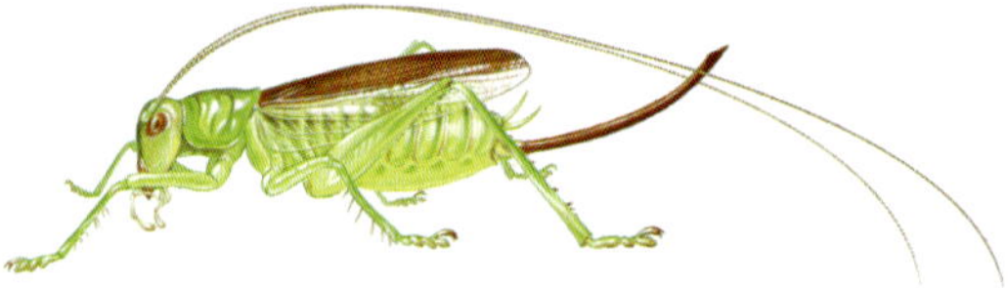

▲ 日本饰蟋螽
● 夏季~秋季
◆ 树林

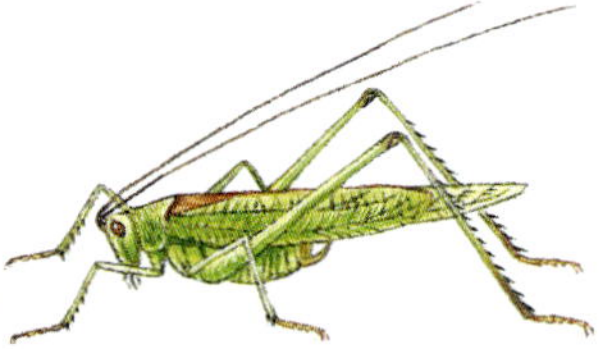

▲ 镰尾露螽
● 夏季~秋季
◆ 草地

▲ 日本似织螽
● 初夏~秋季
◆ 草地・田地・树林边缘

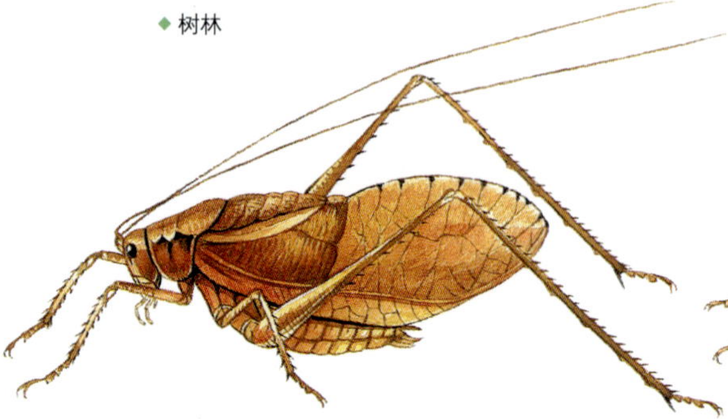

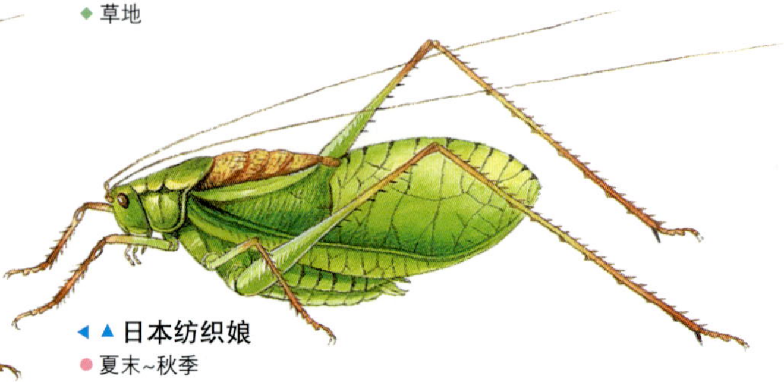

◀ ▲ 日本纺织娘
● 夏末~秋季
◆ 树林・树林边缘・草地

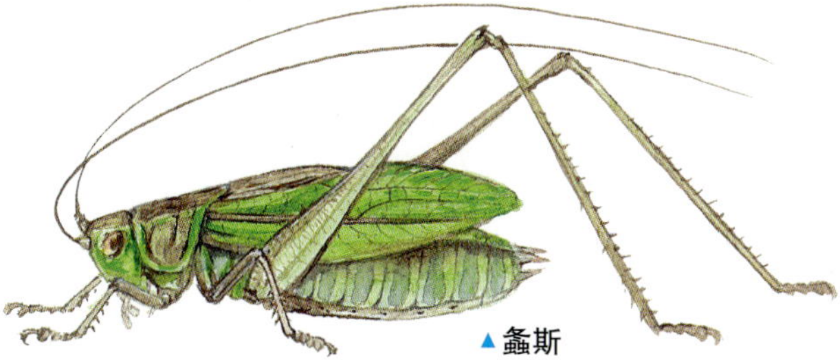

▲螽斯

● 夏季~初秋

◆ 草地・河滩・河堤

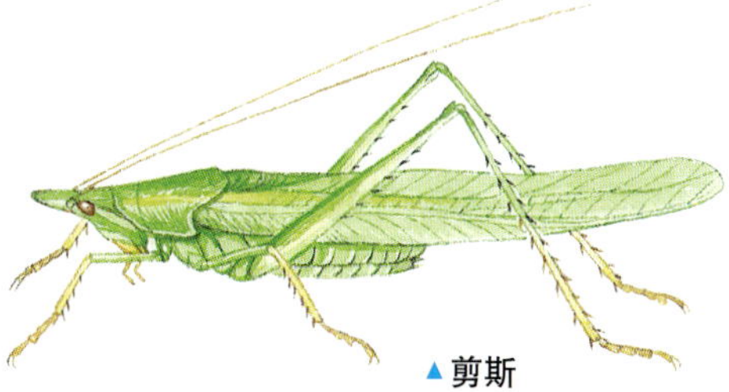

▲剪斯

● 春季・秋季

◆ 草地・公园・庭院

◀ 日本绿螽

● 夏末~秋季

◆ 树林・河滩

▲东方螽斯

● 夏季

◆ 树林边缘・灌木丛

◀日本拟矛螽

● 夏季~秋季

◆ 草原

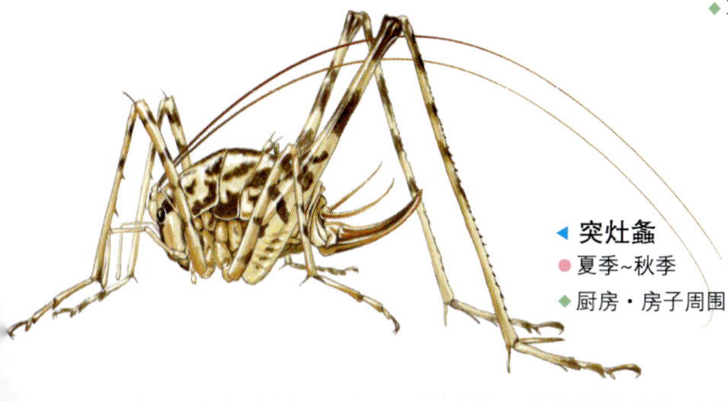

◀ 突灶螽

● 夏季~秋季

◆ 厨房・房子周围・树林

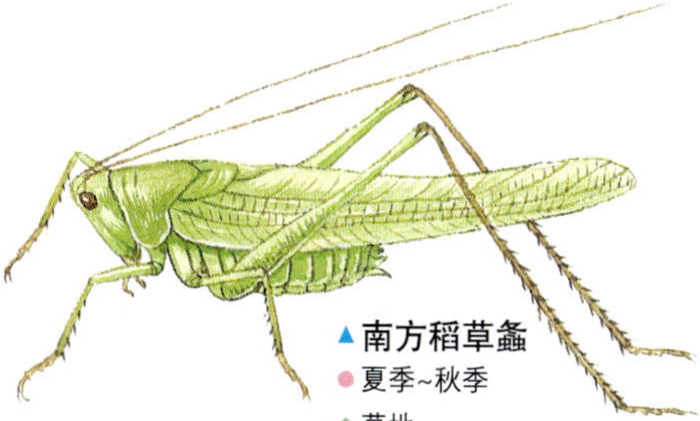

▲南方稻草螽

● 夏季~秋季

◆ 草地

各种各样的螳螂

▶ 大螳螂

● 初夏~秋季

◆ 草地 · 树林 · 公园

▲ 小螳螂

● 夏季~秋季

◆ 田地 · 草地 · 庭院 · 公园

◀ 宽腹螳螂

● 夏季~秋季

◆ 树林 · 庭院 · 公园

▲ 薄翅螳螂

● 春季~夏季

◆ 河滩 · 荒地

▲ 狭翅大刀螳

● 夏季~秋季

◆ 草地 · 树林

蠼螋和竹节虫

▲蠼螋
● 春季~秋季
◆ 河滩・田地・荒地

▲小异竹节虫
● 夏季~秋季
◆ 树林

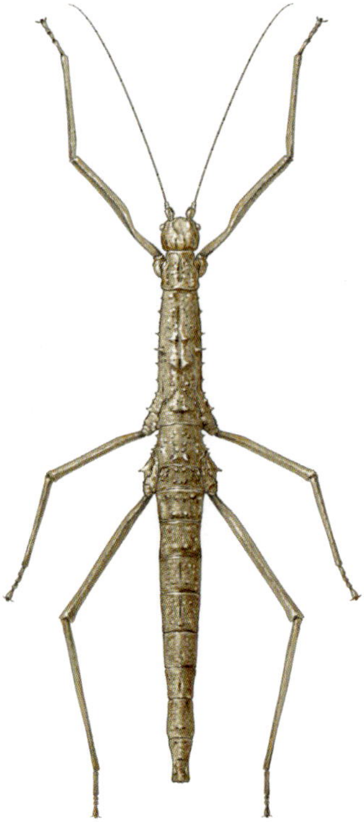

▲日本棘竹节虫
● 秋季
◆ 树林周围

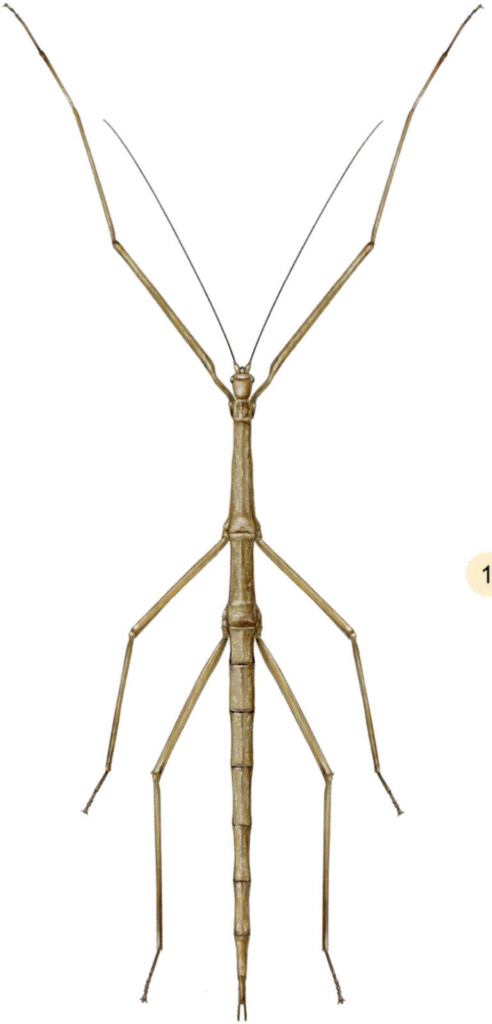

▲粗粒皮竹节虫
● 夏季~秋季
◆ 树林

从夏天到秋天，与昆虫相会的方法

●在草根和叶子上找一找

夏秋之交，野地里有很多蝗虫、螽斯、蟋蟀等昆虫。悄悄地走过去，蹲下来，在草根附近和叶子上仔细找一找，一定会有收获。

●在花朵上找找看

只要有花朵盛开，就会有蝴蝶、蜜蜂等昆虫飞来吸食花蜜和花粉。在花朵的周围找一找，可能会找到等待机会捕食猎物的螳螂呢。

●一起来抓蝗虫吧！

从夏末到秋天，在河边草地上能看到很多蝗虫。用一根绳子拴住一根大约8厘米长的黑木棒，扔到草丛里。雄蝗虫会误以为这是雌蝗虫，就会主动跳过来。这样，你们就可以伺机捕捉了。

●循着鸣叫声找一找

秋天，一到傍晚，野地里就会传来各种各样的虫鸣声，有蟋蟀、螽斯，也有纺织娘，还有很多其他昆虫。走到草丛旁边，侧耳倾听欢快的虫鸣声吧。

然后，悄悄地走近传出鸣叫声的地方，看一看到底是什么昆虫在叫。

*傍晚会有很多蚊子，你们一定要穿上长袖上衣，以防被蚊子叮咬。

冬天，在户外与昆虫

会

在刮着冷风的寒冷季节，昆虫仿佛都消失了。不过，你们要是仔细找一找，就会发现原来它们正藏在温暖的地方，以卵、幼虫或蛹的形态过冬呢。

冬天的昆虫

在寒冷的冬天，很少能看见昆虫在外面活动。这不是因为它们都死了，而是因为它们几乎都躲在土壤里、落叶下或者树洞中，这些地方比较暖和，它们在那里耐心地等待春天的到来呢。

有些昆虫以卵、幼虫或蛹的形态过冬，有些昆虫以成虫的形态过冬。当然，也有些昆虫到了冬天还在外面活动。

▲凤蝶的蛹

▲伊锥同蝽

▲异色瓢虫

▼透目大蚕蛾的茧和卵

◀黄刺蛾的茧

▲天幕枯叶蛾的卵

▲菜粉蝶的蛹

▲大避债蛾的茧

▲狭翅大刀螳的卵（卵鞘）

▲大红蛱蝶

▲大螳螂的卵（卵鞘）

冬天，与昆虫相会的方法

●找一找昆虫的卵和蛹

翻一翻树枝、枯草根，可能就会发现螳螂的卵鞘、蝴蝶和蛾的卵或蛹。

这些昆虫的卵和蛹的颜色都不显眼，不仔细观察是很难找到的。

●找一找昆虫的幼虫

在树林地面上的落叶堆或者枯叶背面找一找，可能会找到蝴蝶的幼虫。观察完后，记得要把叶子翻回去哦。

●找一找躲起来的昆虫

有些昆虫躲在落叶下面、树缝里或稻草堆里过冬。有时候，在仓库里也能找到一些昆虫。你们也可以试着去室外风吹不到的暖和的地方找一找。

●找一找正在活动的昆虫

冬天，在不刮风的暖和的日子里，有些昆虫会出来活动。大家一起来找一找正在枯草上晒太阳的大红蛱蝶、黄钩蛱蝶吧。

加古里子的身体科学绘本

《加古里子的身体科学绘本》是一套经历了30年时间验证的科普经典，它创作于1976年，30年来受到一代又一代读者欢迎，成为日本家喻户晓的科普经典，至今还在不断重印（其中几册已经重印超过100次）。这套丛书共10本，以身体的各个部位为主题、用幽默的语言和绘本故事的形式讲解了关于身体和健康的方方面面的知识，给幼儿了解自己的身体提供了最全面、最详尽的资料。

读者对象：3~7岁
规格：190×219mm
　　　36页/册 平装
定价：12.00元/册

亲子动手学科学系列

这是一套译介自日本的亲子互动科学书，分为动物篇、植物篇、自然篇3册。动物篇介绍了昆虫、鸟类、龟类、鱼类、蟹类和蛙类等88种小动物的饲养方法。植物篇介绍了80种园艺植物、蔬菜和中草药植物的栽培方法。自然篇介绍了使用大自然中的花草树木等材料做游戏和制作手工品的方法，包括花草游戏、野营、海边游戏等约100种自然游戏。

读者对象：3~7岁
规格：205×236mm
　　　118页/册 平装
定价：36.00元/册